数码摄影经典技法
入 门 与 提 高

雷依里 郑毅 编著

人民邮电出版社

北 京

图书在版编目（ＣＩＰ）数据

数码摄影经典技法入门与提高 / 雷依里，郑毅编著
. -- 北京 ：人民邮电出版社，2021.11
ISBN 978-7-115-53860-4

Ⅰ．①数… Ⅱ．①雷… ②郑… Ⅲ．①数字照相机—摄影技术 Ⅳ．①TB86②J41

中国版本图书馆CIP数据核字（2020）第068346号

内 容 提 要

本书针对摄影爱好者的需求，对相机操作的基础知识、曝光控制、拍摄模式的选择、对焦技术、用光及色彩控制、构图基本原理进行了详细地讲述，还结合实例分门别类地对创意摄影、人像摄影、风光摄影、人文纪实摄影、旅行摄影、夜景摄影、花卉摄影、微距摄影、美食摄影、舞台摄影、体育摄影、动物摄影等 12 类摄影题材的拍摄技法进行归纳总结，最后作者还对数码摄影 RAW 格式文件的后期处理技法、风光摄影后期技法和人像摄影后期技法做了详细的讲解。

本书适合广大摄影初学者学习参考。

◆ 编　著　雷依里　郑　毅
　　责任编辑　胡　岩
　　责任印制　陈　犇

◆ 人民邮电出版社出版发行　　北京市丰台区成寿寺路 11 号
　　邮编　100164　电子邮件　315@ptpress.com.cn
　　网址　https://www.ptpress.com.cn
　　中国电影出版社印刷厂印刷

◆ 开本：690×970　1/16
　　印张：25　　　　　　　　2021 年 11 月第 1 版
　　字数：705 千字　　　　　2021 年 11 月北京第 1 次印刷

定价：148.00 元

读者服务热线：(010)81055296　印装质量热线：(010)81055316
反盗版热线：(010)81055315
广告经营许可证：京东市监广登字 20170147 号

前言

　　摄影是一门视觉的语言，掌握的越纯熟，越能够自由的与其他摄影人畅通无阻的交流，甚至可以和更高段位的摄影家进行切磋，互通有无和取长补短。古希腊哲学家苏格拉底曾说过："未经审视的人生不值得过。"而换到摄影的话题中，未经思考和漫不经心的拍摄则很难获得一张好照片。很多时候，学习摄影是打破自己的舒适区，去迎接挑战的一个过程。这个过程中，需要我们不断的实践和反思，试着接受来自各方的批评，努力训练自己的观察能力和用相机表达的能力。

　　纵然随着这些年技术的进步，相机和镜头的成像水平突飞猛进，智能手机都可以拥有一亿像素的拍摄能力，但并非拥有顶级的器材，就可以轻松拍摄出好照片。反而，物质的极大丰富和影像器材门槛的降低，让摄影迎来了前所未有的挑战。纷繁的影像画面不断挑逗着人们的视觉神经，正可谓乱花渐欲迷人眼，逐渐让我们的心智失去了焦点。我们生命和时间有限，大脑的记忆能力也有限，而摄影可以将时间定格和切片，将事件进展过程中最精彩的时刻记录下来，照片的精美也印证了我们人生的精彩。摄影的学习是一个自我梳理的过程，从看到美景后情不自禁的按下快门，到褪去浮华归本真，慢慢学会舍与得，让自己的照片可以经受住时间的考验，打破相机记录能力的枷锁，多少年后会回看，依然能够呈现出不俗的气质。

　　相机使用技术与拍摄技术，是我们的视界向更广阔世界延展的桥梁。摄影的学习过程，也是一个不断给予自己正激励的过程。对于在实践中如何提升，通过本书中的指导，可以全面解相机、镜头和附件的功能和特点，我们可以结合自己手中的器材进行训练，将常用的拍摄功能烂熟于心，为每一次精彩瞬间的到来做好充分的准备。在实拍训练中，需要了解镜头的透视特点，养成从取景器中观察的习惯，掌握光线的规律，尝试去驾驭光线，运用光影来作"画"。在实践之余，则可以博览经典的摄影作品，在被画面感动后，尝试探寻其中的缘由，是用光、构图、画面结构还是瞬间捕捉让自己怦然心动。接下来，需要为自己设立学习的目标并勤加练习，带着学习任务去拍摄，例如这次是训练对称构图，下次是训练直射光下拍摄高反差的画面，拍摄归来后从中挑选最满意的几张作品，与身边或网上的摄影好友进行交流和探讨，或者在参加摄影活动时主动请专家和老师来点评，从中掌握提升的要领。纵然眼下可能有这种或那种的原因限制了我们脚步，我们不妨珍惜这段时间来积累拍摄的经验，为未来的探索和创作夯实基础，为下一次的出发、为看到更美好的前景做好准备，也祝愿各位读者能够在自己的摄影之路上走的更远。

　　16 年前，我在 Vogel Burda 媒体集团工作时与雷依里老师相识，他敏锐的观察力和极强的行动力非常令人钦佩。雷依里老师则在长期的摄影实践中积累了宝贵的经验，凭借着对摄影的执着，他在十年中行摄近五十个国家，登群峰之巅拍摄山河的壮美，徒步深入古村落记录人间的悲喜，自驾万里探寻历史遗留的踪迹。在数码摄影技术发展之初，我的工作主要涉及数码照片后期处理的研究和教学，通过多年的交流，雷依里老师大道至简的摄影理念深深的影响着我，让我一改唯器材论和浮光掠影的拍摄思想，逐渐养成了博观而约取的摄影态度。在此，感谢雷依里老师多年来的支持与合作，感谢人民邮电出版社领导和编辑们的辛勤付出，让本书成功出版。

作品赏析

目录 CONTENTS

CONTENTS 目录

资源下载说明

　　本书附赠第 22 章——第 25 章的电子书，扫描"资源下载"二维码，关注我们的微信公众号，即可获得下载方式。资源下载过程中如有疑问，可通过客服邮箱或客服电话与我们联系。

扫描二维码
下载本书配套资源

客服邮箱：songyuanyuan@ptpress.com.cn
客服电话：010—81055293

第 **1** 章

探索数码单反相机的

结构和原理

数码单反相机的发展历史

数码相机诞生后，发展很快，从最初的功能单一、画质粗糙、耗电巨大，发展到了现在的价格低廉、画质精细。数码相机作为一种新家电、新产品，普及的速度极快。

装载了 CCD 装置的"阿波罗"号飞船

数码相机与传统相机相比，最大的进步就是用感光元件代替了胶片。1970 年，美国贝尔实验室发明了 CCD，它是一种将光信息转换成电信号的装置。最初，它被用于航天和科学研究领域，美国宇航局将 CCD 装配在登上月球的"阿波罗"号飞船上，而这正是数码相机的原形。阿波罗号登上月球的过程中，美国宇航局接收到的数字图像如水晶般清晰。

1981 年，索尼将 CCD 应用于电视摄像机中。同年，还发布了第一款用磁记录方式工作的电子静物相机样品 MABIKA。虽然它没有成为商品，却引起了广泛关注，它意味着全新照相系统的诞生。

1995 年，数码相机作为商品正式对公众发布。3 月 10 日，卡西欧推出了 Casio QV-10，它包含一颗 25 万像素的 CCD，能拍摄分辨率为 320×240ppi 的数码照片，相机拥有 2MB 的存储容量，能存储 96 张照片。因此，这款相机成为第一款真正意义上的商业化数码相机。同年，传统影像大鳄柯达公司也向市场发布了其研制成熟的数码相机产品 DC40，这款产品的发布被视为数码相机市场成型的开端。

现代数码单反相机的透视图

此后，数码相机推陈出新，像素不断增加。20 世纪 90 年代，数码单反相机开始逐渐登上历史舞台，功能也越来越强大。如今，数码单反相机已突破千万像素。随着数码单反相机的普及，摄影这门艺术被越来越多的人所接受和喜爱。

数码单反按性能和用途分类

宾得入门级数码单反

入门级数码单反相机

入门级数码单反相机的价格已经降到了 3000 元左右，是普通民众都可以接受的水平。虽然价格低廉，但入门级单反相机仍然具备了数码单反相机的一切核心功能，足以应对绝大多数的拍摄场景。

相比更高档次的数码单反相机，入门级单反在成像品质上并没有打任何折扣，低廉的价格所带来的档次差异仅仅体现在机身材质、操作手感以及拍摄速度等对日常拍摄影响不大的方面。因此，数码摄影初学者完全可以放心地购买一款入门级单反，并将省下来的钱用于添置镜头等其他相机配件。

准专业级数码单反相机

　　准专业级数码单反相机在售价上，相比入门级单反要高出不少，适合有一定经济实力的摄影爱好者选购。准专业级数码单反相机在操作手感、机身材质、拍摄速度以及测光和对焦精度等方面，相比入门级数码单反相机有很大的提升。

　　操作手感：这个级别的数码单反相机机身更大，手柄更高，握持手感更加饱满。机身大部分区域也配备了蒙皮，摩擦系数更高，机身在手中长时间工作时，不会因为出汗而滑落。

　　机身材质：准专业级数码单反广泛采用镁铝合金外壳及骨架，比入门级单反的塑料机身更加坚固，机身的防水性、防尘性也有所提高，增强了恶劣环境下的适应能力。

　　操作速度：由于配备了容量更大的缓存，以及具有一些更先进的机械设计，准专业级数码单反相机在连拍速度以及数码照片的存取速度等方面都得到了大幅的提升。对于一些专业摄影领域，如体育摄影，准专业级单反比入门级单反有明显的性能优势。

准专业级数码单反相机骨架　　准专业级数码单反相机和入门级单反在机身大小上存在差异

专业级全画幅数码单反相机

　　专业级全画幅数码单反相机是数码单反相机中的顶级产品。它们拥有与竖拍手柄一体化的机身设计、坚固耐用的金属外壳及骨架、超过15W次的快门寿命、经过严格测试的防水防尘性能，以及超快的连拍和存储速度，并具有100%的取景器视野率。

　　专业级数码单反相机的对焦系统也经过特别优化，更多的双十字对焦点可以在大光圈拍摄时更准确地进行对焦操作。在画质方面，专业级全画幅数码单反相机的感光元件尺寸也更大。相比APS-C画幅的入门级单反，在成像品质和像素数上也有明显的提高。

佳能顶级数码单反相机背面图

　　专业级数码单反大多价格昂贵，它们的客户群体是专业摄影师和新闻记者，售价也在2W元以上。对于刚开始学习摄影的人，不建议配备这个级别的摄影器材。初学者应该把更多的精力用在摄影技术的提高上。

专业级数码单反使用镁铝合金机身骨架　　高端单反相机骨架图

数码单反的重要组件

LCD 显示屏

LCD 显示屏组件

数码单反相机的 LCD 显示屏最大的功能是在照片拍摄完成后，回放查看照片的拍摄效果。随着技术的不断进步，LCD 显示屏的尺寸和像素数不断提升。现在，LCD 显示屏的像素数已经普遍达到 90 万像素，可以更清晰地显示出照片的细节。

同时，近两年推出的许多数码单反相机，其 LCD 显示屏还具有实时取景的功能，摄影师可以像使用消费级数码相机那样通过 LCD 显示屏进行取景和构图，一些机型甚至安装了可以翻转、变换角度的 LCD 显示屏，让用户在一些特殊角度拍摄时也可以做到从容自如。

可翻转的 LCD 显示屏可作取景器使用

五棱镜与光学取景器

数码单反相机的顶部有一个重要的装置，它的名字叫五棱镜。光线进入镜头后，经过反光板的反射，再通过五棱镜的一系列反射，最终进入光学取景器，使摄影师能够看到清晰的影像，进而实现取景和构图工作。

五棱镜部件

光线通过数码单反相机顶部的五棱镜反射，进入取景器

正是因为有五棱镜，数码单反相机的外形无法像消费级数码相机那样做到顶部平直，而必须有一个明显的凸起。

数码单反相机一直坚持使用光学取景器，因为进入镜头的光线通过五棱镜反射，最终进入光学取景器，可以做到所拍即所见，取景范围的误差很小。同时，光学取景器在明亮度、清晰程度等方面，相比于电子取景器具有明显的优势，是数码单反相机的不二选择。

SONY 数码单反相机的图像处理芯片

佳能的图像处理芯片

图像处理芯片

图像处理芯片是数码单反相机内部的"大脑"，因而也成为各个厂商技术竞争和市场宣传的重要阵地。

在数码影像生成和存储的过程中，图像处理芯片发挥着重要的作用。它可以将感光元件接收到的原始数字信号进行各种修正和纠偏，包括色彩校正、白平衡校正、降噪处理等一系列步骤，最后将处理完成的照片存入存储卡中。

图像处理芯片的性能主要体现在两个方面：一是照片处理的效果，二是图像处理芯片自身的处理速度。各个厂商的图像处理芯片都有自己的性能特点和处理倾向，其中噪点控制是各家厂商技术竞争的焦点。同时，一些具有较强高速连拍性能的数码单反相机，为了实现较快的图像处理速度，甚至采用了双图像处理芯片的配置。

感光元件

感光元件取代了传统胶片，它是数码单反相机的心脏。感光元件并非单独存在，它的前方是低通滤镜。光线在成像光路中容易发生多次反射，对某些图案会产生摩尔纹。低通滤镜的主要作用是消除摩尔纹，降低"紫边"现象。新一代的单反相机感光元件的组件还具有自动清洁灰尘的功能，在野外更换镜头时，不必担心灰尘进入。

光线通过镜头进入感光元件，进行感光，生成影像

带有自动清洁功能的感光元件组件

感光元件安装在中心的空槽中

供电系统

数码单反相机用电力驱动，它的耗电量相当惊人。在数码相机刚刚诞生时，电池的工作时间短是数码相机的一大劣势。

随着技术的进步和大容量锂电池的应用，数码单反相机的续航时间延长了许多。现今的数码单反所配备的电池电量相当强劲，有些高端数码单反相机可以在不更换电池的情况下完成一千张照片的拍摄量。

通常喜爱旅游摄影和风光摄影的影友，只要在外出时携带充电器以及一块备用电池，就可以基本满足需要了。

数码单反配备的锂离子电池最大的优势就是没有明显的"记忆效应"，可以随用随充。同时，其内部的芯片通过与相机传递信息，能提供精确的电量显示，以及剩余电量可拍摄照片张数的显示，使摄影师在拍照时能够心中有数。

关于数码单反电池的知识有两点需要掌握：一是许多单反相机的竖拍手柄内可以装两节电池，提高续航能力；二是原厂电池价格高昂，如果囊中羞涩，不妨选购名牌副厂电池，它们和原厂电池相比，性能略有逊色，但价格却便宜得多。

DSLR 的充电器和电池

可以装载两节电池的竖拍手柄

感光元件详解：数码单反的心脏

数码单反相机的核心部件就是被称为感光元件的图像传感器，它取代了传统相机中的胶片。光线穿过镜头，在感光元件上成像，通过电信号的复杂转换生成影像。感光元件决定着数码相机的成像品质。目前，CCD 和 CMOS 是两种被广泛采用的感光元件材质。

感光元件组件及其在数码单反相机中的位置

CCD 感光元件

一个世纪以来，美国贝尔实验室诞生了许多伟大的发明，CCD（Charge Coupled Device）感光元件就是其中的一项。1969 年，当 CCD 感光元件刚刚发明时，它还存在许多缺陷。但是，随着时间的推移和科技的进步，CCD 技术不断完善，在突破了百万像素之后，CCD 的分辨率不断提高，面积越来越小，直至被应用到数码单反相机上，从而取代了胶片的地位，迎来了数码相机的普及，也宣告了数码摄影时代的到来。

CCD 是一种具有高感光度的半导体材料，通过光电转换，将光信号转变成电荷，再转换成数字信号，来生成影像。在数码单反相机的成像过程中，数字信号经过压缩和处理，被存储在数码相机的存储卡中，成为摄影师可以看到的直观的照片。CCD 由许多感光单元组成，当光线透过镜头照射在 CCD 上时，每个感光单元的成像信号组合在一起，一张数码照片就诞生了。

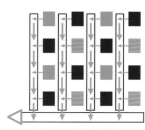

CCD 电荷传导示意图

CCD 感光元件

CMOS 感光元件

CMOS（Complementary Metal-Oxide Semiconductor）作为一种新兴的感光元件，近些年大有后来居上之势。它的工作原理更加简单：利用硅和锗这两种材料组成半导体，通过自带负电和正电的晶体管实现基本功能，这两个互补效应所产生的电流经过图像处理芯片的处理，最终生成数码影像。

早期，CMOS 感光元件存在一些缺点，例如容易出现噪点，散热问题不好解决，等等。随着技术的进步，这些问题已经解决。现在，顶级数码单反相机都采用 CMOS 作为感光元件，可见 CMOS 的技术已经成熟。

CMOS 相比于 CCD 具有大规模生产的成本优势，这有利于降低数码单反相机的售价，推动数码单反相机的普及。

CMOS 技术最先被佳能采用。现在，索尼、尼康也将它应用到自己的顶级机型上。CMOS 大有超过 CCD 的态势。

CMOS 在生产和加工过程中，可以在成本不增加太多的情况下提高感光元件的像素数。因此，它的发展潜力较 CCD 更大。

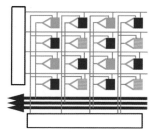

CMOS 电荷传导示意图

尼康 D3 的 CMOS 传感器

CMOS 感光元件已经成为主流，具有优良的细节和画面表现力

感光元件的大小：APS-C VS 全画幅

不同画幅的成像尺寸

感光元件组件

什么叫相机的画幅

  数码单反相机感光元件的尺寸大小称为画幅。从左图中，读者可以清晰地看到数码单反相机的 3 种画幅（全画幅、APS-C、4/3）与两种消费级数码相机的大小区别。由于相机的种类、价格、性能的差异，感光元件的面积大小也存在着明显的差异。

APS-C 画幅的普及

  APS 这种规格诞生于胶片时代，富士、柯达、佳能、美能达等厂商在 135mm 胶片的基础上进行改进和创新，减小了感光元件的尺寸，设计了与之配套的一系列光学产品。

数码时代，由于全画幅感光元件成本居高不下，各个厂商纷纷推出基于 APS-C 画幅的数码单反相机，配备了尺寸约为 22.5mm×15.0mm 或 23.6mm×15.8mm 的感光元件。

感光元件面积的缩减，降低了制造成本和售价。APS-C 画幅的数码单反迅速普及，现在已经成为大多数入门级数码单反相机的的标准规格。

全画幅与 APS-C 画幅感光元件大小对比

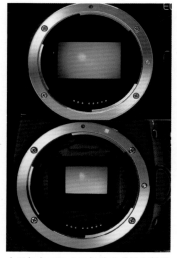

全画幅与 APS-C 画幅数码单反相机通过镜头卡口观察反光镜大小的差异

全画幅的优势

全画幅是指与 135mm 胶卷面积相同的一种感光元件的尺寸规格。

全画幅数码单反相机与胶片单反的镜头系统具有最佳的兼容性。由于胶片与感光元件面积一致，原先用在胶片单反相机上的镜头装配在全画幅数码单反相机上时，镜头焦距转换率达到 1：1，不受焦距转换系数的影响，使传统用户更容易适应和上手。

全画幅与 APS-C 画幅相比，由于感光元件尺寸更大，受光量也更大，感光元件上感光点的分布更加舒缓，曝光更充分，记录细节的能力也更强。所以在最终成像的色彩层次、宽容度、细节方面，画面品质都更胜一筹。图像的紫边现象也更加轻微。使用这种尺寸的感光元件，相机也可以达到更高的感光度。

全画幅数码单反虽然具有诸多优势，但由于成本和售价的高企而迟迟不能得到普及。佳能、尼康、索尼等各个厂商的顶级专业单反相机均采用此规格。随着技术的进步和成本的降低，平民化的数码单反有望在未来得到普及。

奥林巴斯 4/3 系统产品照片

佳能、尼康、索尼三家数码单反厂商的全画幅数码单反相机

4/3 系统

为了获得更小、更轻便的机身设计，奥林巴斯、柯达、富士等厂商联手推出了一种新的数码单反相机标准，被称为 4/3 系统。

4/3 系统的关键是采用了 4/3 型的感光元件，以这种感光元件的尺寸为基础，研发了包含镜头、机身、闪光灯等一系列摄影器材。

4/3 系统感光元件的面积虽然只有全画幅感光元件面积的一半，却远远超过消费级数码相机 1/1.8 英寸的感光元件，因此，成像品质和 APS-C 画幅数码单反相比区别不大。4/3 系统的焦距转换系数为 2，使用最新推出 4/3 系统专用镜头。

为了获得更多厂商的支持，4/3 系统的卡口是统一的，并开放技术标准。随着这种系统的普及，腾龙、适马也会推出支持这种系统的镜头，扩大用户的选择。4/3 系统还有超声波感光元件除尘等创新技术，是数码单反技术的新星。

数码单反生成影像的过程

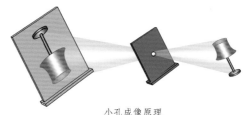

小孔成像原理

小孔成像原理

　　胶片、数码，无论是哪种相机，影像的生成过程都充满着奇妙的原理，其中最根本的原理就是小孔成像。

　　当一个物体透过有针孔的暗箱，在其内部的平面上可以产生一个左右上下颠倒的影像。如果在暗箱内部，和进光点相对应的一个平面上放上一种可能留下影像的感光介质，这个暗箱也就成为了一台照相机。这正是摄影术发明时照相机的雏形。针孔的大小决定了进光量的多少，它相当于现代摄影概念中的光圈。

　　以小孔成像方式得到的影像不够清晰，且无法对景深等一系列拍摄参数进行控制，因此镜头诞生了。通过各种设置，现代摄影术中的镜头可以控制画面的进光量、景深、取景范围等一系列参数，生成完美的数码影像。

一张数码照片的生成过程

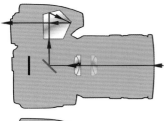

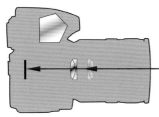

数码单反相机取景和感光时的光路图

1 触发快门后，反光板抬起，光线通过镜头照射到数码单反相机的感光元件上

2 相机在曝光完成后，光电二极管受到光线的照射和激发，释放出电荷，感光元件的电信号便由此产生

3 感光元件将一次成像产生的电信号收集起来，统一输出。将经过放大和滤波后的电信号转换为数字信号，最后就变成了真正意义上的未经加工的数字图片

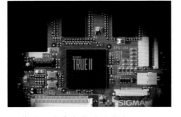

图像处理芯片完成最后的处理

4 将得到的原始数字照片通过图像处理芯片，根据用户的设置进行修正，包括色彩校正、白平衡处理等后期处理，并且将其编码成DSLR，以可以读取的数据格式保存下来

5 将最终产生的图片保存在存储卡中

搞懂数码照片的像素、解析度和画质的关系

　　像素数是数码单反相机的一项十分重要的性能指标，它与照片的解析度、尺寸和画质密不可分。下面为您解析数码相机的像素和解析度。

用放大镜观察数码相机的像素分布

像素点

数码照片是由无数个小的像素点汇聚而成的。像素点，英文译为：Pixel，它是数码照片最基本的组成单位。

不同于传统胶片记录模拟信号的方式，数码照片是由数字信号组成的，一张照片中的每一个像素点都是清晰明确的。

使用放大镜观察电脑显示器上的数码照片，可以清晰地看到这些像素点的组合结构，轻易地分辨出它们的单位以及颜色。当放大倍率过大时，照片中的像素点就会变成一个个马赛克式的颗粒。此时，照片不再清晰，也没有更多的细节可以呈现出来。因此，像素点是数码照片的基本单位，像素点越多的照片，其记录的细节也越丰富。

除了照片的像素点以外，显示器，甚至 LCD 显示屏都是由固定的像素点构成的。高端数码单反所采用的拥有更多像素点的 LCD 屏幕，可以更好地显示照片丰富的细节。

解析度

数码照片的解析度，也称为照片的尺寸，它的大小取决于数码照片在横竖两个方向上拥有多少个像素点。而横竖两方向上的像素点的数量的乘积，就是数码照片的总像素数，也称解析度。一台数码单反相机所能拍摄的数码照片的最大像素数，就是这台数码相机的最高像素。

现在，数码单反相机普遍可以达到一千多万像素的解析度。除了最大尺寸的设定以外，数码单反还提供不同解析度的选择，以适应不同的拍摄需要。但其最大解析度是确定的，也是最常用到的。数码照片的解析度越大，其像素数越高，照片中记录的影像信息也越丰富，照片画质也越出色，最终进行打印输出的尺寸才可以越大。

数码相机的拍摄尺寸比较示意图

数码照片解析度的设定还会影响相机可拍摄张数。如果电池电量和存储卡空间有限，可以采用降低照片尺寸设定的方式进行拍摄，以节约存储卡空间和电池电量。

几种照片格式剖析：JPEG，TIFF，RAW

数码单反菜单中，对照片存储格式进行选择

拍摄完成的数码照片最终要存储到存储卡中，这时就遇到了照片格式的选择问题。数码单反一般都支持两到三种存储格式，它们分别是 JPEG、TIFF、RAW。

这三种图片格式各有特性，优缺点都非常鲜明。本书对这三种图像格式进行解读：

JPEG 图像格式

JPEG 图像格式的文件扩展名称为 jpg，其全称为 Joint Photograhic Experts Group。这是目前网络上和计算机上最常用的一种文件格式。作为一种失真的图像压缩方式，它可以储存在很小的空间里，通常的压缩比在 10 : 1~40 : 1 范围内。这种图像的文件占有相对较小的存储空间，且具有很好的兼容性。几乎所有的软件都可以辨别它。

JPEG 格式的图像对色彩的信息保留较好，因此也普遍应用于需要展示连续色调变化的照片中。

相比于其他照片格式，JPEG 可以节省很大一部分存储卡的空间，提高存储卡的利用率。同时，也可以缩短照片在相机内部处理和存储的时间。因此，在拍摄时可以获得更多的连拍张数。对新闻、纪实、体育摄影等题材来说，提高相机的拍摄和处理速度有着重要的意义。

TIFF 图像格式

TIFF 图像格式全称是 Tagged Image File Format。它是真正意义上的非失真的压缩格式。这种格式的数码照片，其文件的拓展名是 tif.

TIFF 格式也可以做到 2~3 倍的压缩比，它能够保持原有图像的所有颜色及层次。在存储过程中，可做到完美无损，因此是一种以完美画质为主要诉求的照片存储格式。

TIFF 格式的缺点也非常明显，那就是它需要占用很大的存储空间。同一张照片，使用 JPEG 格式和 TIFF 格式进行存储，你会发现它们的文件容量往往相差几倍。

TIFF 存储格式由于占据存储容量太大，且受到了新兴的 RAW 格式的挤压，现在许多数码单反相机已经没有 TIFF 存储格式可供选择了。它目前主要用于对画质要求较高的商业以及出版行业。作为没有任何细节损失的文件格式，它在影响后期处理、输出大画幅的图片方面很有帮助。另外在格式的通用性上，TIFF 格式仅次于 JPEG 格式。

TIFF 格式通常容量很大，这张照片的容量达到 60MB

RAW 图像格式

RAW 图像格式文件并不是一种通用的图像存储格式，而是一个特殊的未经加工处理的数据包。对于各个厂商的数码单反相机而言，RAW 格式的文件扩展名也不尽相同。

RAW 并不能被称作一种图片格式，也不是数码照片。它是感光元件记录的原始感光数据包。被导入电脑后，它需要经过专用的软件进行处理，并转换为 JPEG 或 TIFF 格式文件才能使用。

相比于传统的 TIFF 格式，RAW 格式的最大好处是可以对数码照片的原始信息进行修改和处理，包括照片的对比度、色温值、曝光补偿、清晰度、眩晕度、阴影、高光、镜头暗角等。甚至可以随时对图中的暗部细节进行强化，以及削弱画面的紫边现象，等等。它未经相机内部图像处理芯片的处理，而是保留了原汁原味的照片信息，因此在后期处理中拥有更

大的余地和空间。通常情况下，经过精细的修饰，RAW 格式文件可以提炼出高品质的数码照片。同时，RAW 要比 TIFF 的文件数据量小一点，更有利于文件的保存和存储成本的降低。

RAW 格式的缺点也很明显，那就是兼容性差。通常情况下，要查看和处理 RAW 格式照片，只有两种常见的方法：第一，使用数码单反相机自带的 RAW 解压缩处理软件，经过处理，将其转换成 TIFF 等普通格式；第二，使用第三方图像处理软件处理 RAW。拥有此项功能的软件很多，其中 Photoshop 和 Lightroom 就是不错的选择。专业的图像处理软件可以打开不同品牌相机的 RAW 格式文件。由于各品牌新品相机上市速度太快，新相机的 RAW 图片格式也会升级变化。Photoshop 的使用者为了正确地读取它们，需要对软件进行升级。

Photoshop 软件的启动界面

ADOBE BRIDGE 操作界面

CAMERA RAW 操作界面

玩转数码单反相机

第2章

单反镜头的结构和原理

摄影术自诞生以来，经历了 100 多年，从早期的一片玻璃担任镜头的成像重任，到现在由复杂的光学、机械组件构成的价格昂贵的单反镜头。上世纪 80 年代，镜头技术的最大进步是实现了自动对焦功能，从此，摄影进入了"全自动"的时代。

现在的镜头是由多组镜片组成的，内部还包含了很多机械元件，其中最重要的是自动对焦马达和电磁光圈。

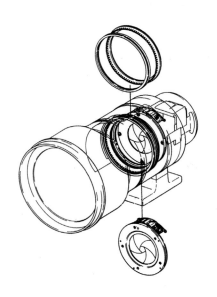

镜头的结构分解图

自动对焦马达

位于右图上方位置的是自动对焦马达。佳能是这种技术的先行者。超声波自动对焦马达的推广，使得对焦的速度不但更快，而且更加安静。其他数码影像厂商也纷纷效仿，推出了自己的自动对焦马达镜头产品。

电磁光圈

位于右图下方位置的是电磁光圈。电磁光圈的收缩与放大通过相机的电信号进行控制。在非工作状态，镜头处于光圈全开的状态。当摄影师触发快门时，光圈收缩为相机的设定值。

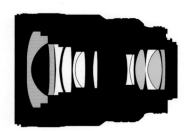

镜头的光学平面结构

镜头的光学平面结构

数码镜头的内部由多组镜片组成，厂商往往根据镜片构造发布镜头的内部结构图。镜头镜片的数量并非越多越好，随着技术的发展，一些新材质的镜片被应用到专业镜头产品中，其中最有代表性的就是低色散镜片。

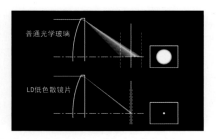

普通光学玻璃与低色散镜片聚光度对比

低色散镜片

低色散镜片可以有效地抑制镜片的色散。镜头的色差现象广泛存在，由于不同色彩的光线波长不同，穿过镜片后的焦点也不同。不同波长的光线无法汇聚到相同点，影响了照片的画质，这种现象被称为色差。

低色散镜片可以很大程度上解决色散问题，它具有极低的折射率和低色散的特征。高品质的镜头往往都具有一片以上的低色散镜片，它是光学技术进步的重要代表。

镜头焦距决定拍摄视角

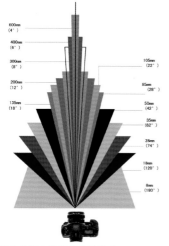

镜头焦距与拍摄视角的关系

焦距原理图

光圈和焦距是镜头最主要的两项指标。焦距决定镜头的拍摄视角,焦距越短,视野越大;焦距越长,视野越小。短焦距的镜头称为广角镜头,长焦距的镜头称为望远镜头或长焦镜头。

镜头可收取画面的范围角度,称为镜头的视角,它与镜头的焦距一一对应,无论是变焦镜头还是定焦镜头,都有确定的焦距或焦距范围。

全画幅 VS APS-C 画幅视角差异

传统胶片数码单反相机的底片面积是24mm×36mm,大多数数码单反镜头都是为这个成像尺寸设计的。可是,现在通行的 APS-C 画幅数码单反相机的感光元件面积是23mm×15mm,这个尺寸要小于全画幅数码单反相机的感光元件。因此,当普通数码单反镜头搭配在 APS-C 画幅上时,APS-C 画幅单反相机的感光元件只截取了镜头拍摄影像的中央区域,拍摄照片的实际视角窄于镜头的标称焦距,这时,焦距转换系数就诞生了。

APS-C 画幅数码单反相机的等效焦距 = 镜头实际焦距 × 焦距转换系数(尼康为 1.5,佳能为 1.6)

相同焦距拍摄,全画幅与 APS-C 画幅对比示意图

定焦镜头 VS 变焦镜头

有些镜头的焦距是固定的，而有些镜头的焦距则可以在一定范围内自由变化，这两种镜头分别被称为定焦镜头和变焦镜头。

定焦镜头沿袭的是传统的镜头技术，而变焦镜头真正普及只有几十年的时间，它们拥有各自的优势和劣势。如下表所示：

两款定焦镜头

一款大范围变焦镜头，在变焦时镜头筒会伸长

	成像素质	便利程度	体积大小	拍摄习惯
定焦镜头	成像素质完美出色	便利性差，拍摄视角受限	体积小，轻便	利于培养多移动的拍摄习惯
变焦镜头	成像素质略逊	便利性好，拍摄视角多变	体积大，略重	容易使拍摄者懒惰

镜头卡口

各个厂商的镜头无法通用，最根本的问题是不同厂商出品的数码单反相机的镜头的卡口不兼容。镜头的卡口，就是连接数码单反相机和单反镜头的那个金属环。过去，相机和镜头通过机械的方式固定。现在，镜头和机身通过镜头卡口上的电子方式传递技术信息。

佳能、尼康两大阵营的镜头卡口分别是 EF 卡口和 F 卡口。为了获得更强的兼容性，市场上逐渐出现了一种镜头转接环，这种影友自行研发的产品可以使尼康的镜头通过转接环的连接安装在佳能的 EF 卡口上。不过连接的只是机械部分，电子信号无法传递，有时也会出现很多难以解决的技术问题，如自动对焦功能丧失。

镜头的卡口与镜头的焦距、光圈等规格无关。

镜头卡口透视图

鱼眼镜头

鱼眼镜头的前组镜片是弧形凸起的，这种光学设计使其具有独特的成像视角。

鱼眼镜头可分为全周鱼眼镜头和对角线鱼眼镜头两种规格。在平面视角内能将180度的圆弧视野全部收入画面的镜头称为全周鱼眼镜头，而在对角线方向上具有180度视角的镜头称为对角线鱼眼镜头。

鱼眼镜头视角非常广阔，用鱼眼镜头拍摄的照片能产生夸张扭曲的变形效果，类似"哈哈镜"中的世界，具有很强的视觉冲击力。

鱼眼镜头拍摄的办公楼
光圈：f/8 曝光时间：1/250s 感光度：ISO400
焦距：16mm

鱼眼镜头

鱼眼镜头的焦距很短，通常为8~16mm。由于视角非常广，摄影师在拍摄时要注意，不要将自己的身体和干扰画面的因素摄入镜头。

鱼眼镜头拍摄的厂房
光圈：f/4 曝光时间：1/125s 感光度：ISO400 焦距：16mm

广角镜头

广角镜头在风光摄影、建筑内景摄影、纪实摄影方面发挥着重要的作用，它的优势在于极为宽广的视角和非常夸张的"近大远小"的透视变形效果。

超广角镜头

▶ **小提示**

1. 超广角镜头通常存在轻微的畸变和暗角，但这可以通过后期处理的方法修正

2. 靠近拍摄对象，适当地缩小拍摄距离，可以产生更为强烈的透视变形效果，可以更好地突出主体，获得夸张的视觉效果

3. 广角镜头的焦距越短，视角越大。和长焦镜头相比，其视野对于焦距的变化非常敏感，广角镜头焦距每缩短一点点，画面视角会扩大很多

4. 大光圈广角镜头价格昂贵。靠近拍摄对象，使用它们的最大光圈在很近的距离内拍摄，同样可以获得浅景深的照片，诀窍就在于"靠近"以及很短的拍摄距离

超广角镜头的使用具有一定的难度。与长焦镜头相比，在广角镜头下通常难以很好地虚化背景，且摄入的画面元素也较多较杂乱，这给画面的构图和布局带来了一定的挑战。但是，合理利用超广角镜头强烈的透视变形和画面收容能力。往往可以拍出非常震撼的摄影作品。

广角镜头拍摄的风光
光圈：f/4 曝光时间：1/125s 感光度：ISO400 焦距：16mm

标准镜头

焦距为 50mm 的中焦定焦镜头被称为标准镜头，这种镜头在摄影史上占有重要的地位。由于光学设计和光学结构简单，成像素质优秀，成本较低，标准镜头在摄影诞生以来相当长的一段时间内，占有绝对的统治地位，许多在摄影上名垂青史的作品，都是用标准镜头拍摄的。

标准镜头之所以被称为"标准"，在于它拥有接近人眼视觉的视角和自然表现特征，拍摄的照片在透视效果方面接近人眼的视觉习惯。同时，标准镜头作为定焦镜头，拥有更大的光圈设计，一款光圈为 F1.8 的标准镜头，其售价还不到 1000 元，具有良好的性价比。因此，即使在变焦镜头横行的年代，标准镜头仍然是很多影友的必备"武器"。

在 APS-C 画幅数码单反相机普及的时代，标准镜头被赋予了新的角色。在乘以焦距转换系数以后，标准镜头的等效焦距约为 75mm，结合大光圈的特性，非常适合拍摄背景柔美的人像照片，成为人像摄影的专用镜头。

中焦镜头拍摄的人像照片
光圈：f/2.8 曝光时间：1/250s 感光度：ISO100 焦距：50mm

佳能 50mm 标准镜头

标准变焦镜头

同时具有广角、中焦和中长焦的标准变焦镜头，是影友们使用最广泛、适应能力最强的摄影镜头，它常常被影友当作相机的"挂机头"，也往往是摄影初学者的第一款镜头。

对于全画幅数码单反相机，标准变焦镜头的焦距范围为 24~70mm。对于 APS-C 画幅数码单反相机而言，标准变焦镜头的焦距范围为 18~50mm。

标准变焦镜头的广角端兼具风光摄影的功能，70mm 长焦端又兼具人像摄影的功能，非常容易上手。不同档次的标准变焦镜头，其差别主要体现在光圈的大小上。恒定大光圈的标准变焦镜头价格昂贵，但是大光圈对于光线的适应能力和出色背景虚化效果使得它们物有所值，而小光圈的标准变焦镜头价格低廉，非常实惠，适合初级影友使用。

尼康标准变焦镜头

中焦镜头拍摄的家具多宝格
光圈：f/8 曝光时间：1/60s 感光度：ISO800 焦距：60mm

长焦望远镜头

长焦镜头体积庞大，拥有"望远"拍摄的特性和更长的焦距。它适合在不惊动拍摄对象的情况下远距离拍摄，适用于动物、生态、体育等摄影题材。

长焦镜头的体积与焦距成正比，焦距越长，镜头的体积和重量越大。对于一般的摄影爱好者而言，70~200mm 的长焦镜头性价比最高，可以满足大多数需要长焦镜头才能实现拍摄的摄影题材。

由于焦距长，长焦镜头的景深很浅，可以获得柔美的虚化效果，突出画面主体。这一特性使它适用于人像摄影，只是由于拍摄距离很远，摄影师和模特需要克服沟通的问题。

长焦镜头适用于抓拍和捕捉瞬间，在体育摄影和动物摄影中，只要选好对拍摄对象，拍摄的成功率很高。只是受制于体积和重量，大光圈长焦镜头的便携性一直无法提高。

当摄影师需要应用更长的焦距拍摄时，可以为长焦镜头安装增倍镜。增倍镜安装在镜头与机身之间，它利用折返原理增加镜头的焦距。常见的增倍镜有 1.4X 和 2X，分别将长焦镜头的焦距提高到 1.4 倍和 2 倍。在拍摄距离受限的情况下，安装增倍镜可以有效解决拍摄的瓶颈问题，但为搭载增倍镜的长焦镜头，拍出照片的清晰度会略有下降。

长焦镜头拍摄的小鸟
光圈：f/5.6 曝光时间：1/1250s 感光度：ISO800 焦距：400mm

长焦镜头

长焦镜头的增倍镜

　　由于镜头的透视变形特性，当摄影师以仰拍的视角拍摄建筑物时，画面中的建筑边缘会产生透视变形。

　　这种现象的成因很简单：数码单反相机在仰拍时，感光元件与建筑物不处于平行状态。这时，神奇的移轴镜头可以在一定程度上校正这种变形。

移轴镜头

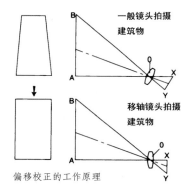

一般镜头拍摄建筑物

移轴镜头拍摄建筑物

偏移校正的工作原理

佳能的三款移轴镜头

　　移轴镜头非常罕见，它拥有独特的功能，可在 DSLR 机身和感光元件位置保持不变的前提下，使整个镜头的主光轴平移、倾斜或旋转，达到调整所拍影像透视关系的效果。

　　移轴镜头的工作原理和传统的大画幅相机类似。移轴镜头可作倾角及偏移的改动，倾角更改可以改变镜头和焦平面的角度，获得广阔的景深；而偏移校正则可以改变相机镜头与胶平面之间的平衡位置，用以校正透视畸变。

尼康的移轴镜头

建筑摄影移轴前后效果对比

微距镜头拍摄的花蕊
光圈：f/8 曝光时间：1/125s 感光度：ISO800 焦距：105mm

微距镜头

微距镜头

　　微距镜头是专为近距离拍摄细小物体而设计的。不同于常规镜头针对正常拍摄距离的光学校正，微距镜头特别针对近摄，校正了色差、球变、暗角等问题，因此是一种特殊功能镜头。

　　微距镜头是多用的，既可拍摄花卉、昆虫等景物，也可以被当作普通规格镜头拍摄任意题材。

　　微距镜头的最近对焦距离非常近，放大倍率更是达到了惊人的 1∶1，可以将一个硬币大小的物体充满画面。微距镜头大多是定焦镜头，且拥有较长的对焦行程，以便实现精确的手动对焦。

　　微距摄影对初学者来说很难掌握，因为在极近的拍摄距离，画面的景深过浅，手持相机不能保持稳定性，焦点很容易跑偏。通常需要结合三脚架拍摄。

折返镜头拍摄的照片，背景虚化，出现圆环
光圈：f/8 曝光时间：1/1600s 感光度：ISO400 焦距：500mm

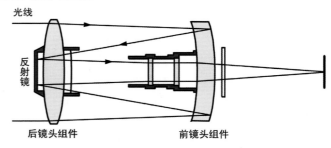

折返镜头

折返镜头

折返镜头是一种超长焦定焦镜头。

折返镜头，俗称"反射头"，是超长焦摄影的廉价解决方案。它采用了独特的光学设计，利用位于镜头筒末端的凹面的反光镜，将到达的光线反射到镜筒前端的一片较小的反光镜上，再利用它将光线向数码单反相机的感光元件反射。经过两次反射的影像通过主反光镜中央的圆孔进入，并由各种透镜单元进一步聚焦后，传递到感光元件上。

折返镜头利用光线反射的原理成像，实现了体积小、轻便以及超强的长焦拍摄能力，大多数折返镜头的焦距可达到500mm。

折返镜头进光量小，光圈大小不可调节，通常被设定在F8或F11。同时，折返镜头无法实现自动对焦，需手动对焦拍摄。此外，折返镜头焦外会出现难看的圆环状虚化背景。这些都是折返镜头的不足之处。

单反镜头的定位与选购实战

产品定位与价格差异

　　每家厂商都拥有数十支功能各异的镜头产品，它们的最大区别就是焦距不同。除此以外，你会发现在一些常用的焦距段，例如24~70mm，同一厂商也拥有多支焦段相同或相近的产品，但它们在镜头体积、售价以及最大光圈等方面存在着明显的差异。简言之，相同焦段的镜头也分为入门级产品和专业级产品，入门级产品售价低廉，口径较小；专业级产品往往拥有恒定大光圈以及各厂商专业产品的特征。除了最大光圈所带来的性能差别外，光学成像品质也存在一些差异。影友们可以根据自己的经济情况选择适合自己的产品。

焦段相同的两支镜头，体积和售价却相差很大

副厂镜头性价比高

　　腾龙、适马等厂商生产的副厂镜头是原厂镜头的廉价替代品，这类镜头性能不差，尤其是它们当中一些获得过各类影像大奖的知名产品。而且，它们的价格只有原厂镜头的1/2左右，十分实惠，值得向一些囊中羞涩的影友推荐。但与此同时，必需注意副厂镜头使用中的一些问题，有些副厂镜头存在跑焦现象，需要通过机身的跑焦偏移修正来针对它进行特别的校正。同时，副厂镜头在机械性能、坚固程度以及防尘性能等方面，略逊于原厂镜头。

腾龙长焦微距镜头

根据题材和用途选择镜头

　　影友们在选购镜头时，一定要明确自己的用途，根据自己喜爱拍摄的摄影门类选择适合自己的镜头产品。对于喜爱风光摄影的影友，应该多在超广角镜头上进行相应的投资；而对于喜爱人像摄影的影友而言，如果想获得最完美的背景虚化效果，建议选择小众的大光圈中定焦镜头产品。

　　对于喜爱体育和野生动物摄影的影友而言，长焦镜头以及增距镜就成了不二选择。同理，对于喜爱花卉摄影和昆虫摄影的影友而言，微距镜头就是必不可少的了。

　　综上所述，影友们一定要在购买镜头前明确自己喜爱拍摄的题材以及用途，这样才能使自己投资添置的镜头物尽其用。

佳能85mm定焦大光圈镜头适宜拍摄人像

轻便、大变焦比与完美画质不可兼得

　　对于喜爱轻便旅行的影友而言，大变焦比镜头是很好的选择。但在选购这类产品前，一定要了解镜头的变焦范围是与画质呈反比的关系。大变焦比镜头虽然体积小巧，焦距变化范围大，但由于光学设计中无法克服的原因，往往在成像品质上与一些普通的变焦镜头存在明显的差异，尤其是长焦端的成像品质往往难以令人满意。综上所述，轻便的大变焦比是一把双刃剑，影友们在选购时一定要对这条规则有所了解，根据自己的诉求选择镜头。

尼康18~200mm大变焦比镜头

水货、行货及购买要点

镜头这种产品，最好在实体店铺亲自购买，它是一种特殊的光学器件，在选购时要注意镜片的表面是否有使用过的痕迹，以及镜头的内部是否进灰。透过光线对前 / 后组镜片进行仔细检查，验证镜头的新净程度。同时，检查电子触点，查看它是否有使用过的痕迹。检查完产品本身后，还要仔细核对镜身以及说明书上的产品序列号，查看是否一致。

现今市场上充斥着大量的水货镜头，它们具有明显的价格优势，但水货产品无法获得正规的保修，而且还存在旧货翻新的可能。因此，笔者建议读者选购行货产品，以获得完善的售后服务。

镜头包装盒内的所有物品

神奇滤镜为照片增添奇异效果

为什么要使用摄影滤镜

在多彩多姿的摄影中，滤镜首先可以改变光线条件，营造所希望的环境气氛，赋予照片美妙的色彩和崭新的活力。其次可以加强反差，使画面更加具有立体空间、平衡光线，以适应精细成像的需求。有些滤镜可以使色彩真实，并且把肉眼不可辨识的光影转成可见。一些特效滤镜还可以将摄影师的意念诠释得更贴切入微。滤镜是一种具有光线过滤效果的摄影配件，它通常以螺口旋入的方式安装在镜头的最前端，一些超特殊镜头也会安装在镜头中段的插口中，或者镜头尾部的卡槽中。滤镜镜片的材质可分为光学玻璃和树脂玻璃，根据功能、品牌、材质、镀膜、薄厚、硬度和通光量的不同，价位也有很大的差异。

知名品牌的多层镀膜滤镜的成像效果更加出色，超硬系列的安全性更加有保障，超薄系列配合超广角镜头使用时可以避免照片出现暗角

滤镜的口径

数码单反相机镜头通常采用螺纹来连接各种滤光镜。不过，不同型号的镜头螺纹直径并不相同，这种螺纹口径就叫作滤镜口径。购买滤镜时一定要注意核对，相机的滤镜口径和镜头上的滤镜口径标称值是否一致，只有二者一致，才能够直接连接。当然，如果滤镜口径大于镜头口径，可以通过转接环来转换滤镜口径。把转接环安装在镜头上，再把滤镜安装在转接环上即可。 常见的镜头滤镜口径有 52mm、58mm、62mm、67mm、72mm、77mm 等。

购买和使用滤镜前，要核对镜头与滤镜的口径是否吻合

多功能的偏振镜

偏振光与偏振镜

当光线照射在玻璃、水面等高反光物体上时，会形成光线的反射。当光源发出的光线在这些物体表面以 25°～ 45° 的入射角反射后，便形成偏振光。

偏振镜是最常用的摄影滤镜，它的最主要作用就是去除画面中的偏振光。这种滤镜需要手工调整和操作，通过旋转前组镜片，确定限制某个角度的偏振光通过，削弱高反差表面物体的反光。

偏振镜片

偏振镜的作用和效果

偏振镜主要应用在风光摄影中，在静物等其他题材中也偶尔会用到。

举一个例子，当摄影师拍摄街边店铺内的景象时，店面外的玻璃反光会破坏画面的和谐；当摄影师拍摄宁静的水面时，水面往往会受到倒影的干扰，使水底的鱼儿难以清晰呈现。而这一切，都可以通过偏振镜的使用来得到一定程度或彻底的解决。

偏振镜在使用中有一定的技巧和原则，要想使它发挥最大的作用，就要选对拍摄角度。当光源和拍摄方向成90度或接近90度时，偏振镜消除反光的效果最明显。当光源和拍摄角度很小或为零时，偏振镜将难以发挥作用。

偏振镜最常见的用途还不是削弱反光，而是在风光摄影中，利用偏振镜消除偏振光的特性，突出蓝天白云，提高天空的饱和度，而这正是由于晴空的蓝天散射偏振光。偏振镜使蓝天变得不再深沉。它可以消除这些偏振光，使照片颜色更加饱和，蓝天白云的效果更加迷人。

正确的旋转方向

在使用中，可通过旋转偏振镜的前组镜片调整效果。此时，旋转偏振镜的方向要和安装偏振镜的方向一致。如果方向相反，有可能在旋转调节的过程中，使偏振镜从镜头上松动甚至脱落。

使用与不使用偏振镜拍摄水面倒影效果的对比

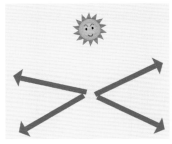

偏振镜可以发挥作用的拍摄方向示意图（蓝箭头）

偏振镜带来的问题

1 进光量减少了：使用偏振镜会无意间减少镜头的进光量，此时需要更长的曝光时间才能正确曝光。偏振镜减少的进光量为1~2挡

2 容易形成暗角：当偏振镜配合某些广角镜头使用时，由于它具有一定的厚度，可能会阻碍广角镜头的光路，使照片出现严重的暗角。解决的方法是选购超薄偏振镜

中灰渐变镜完善细节

风光摄影中往往要用到中灰渐变镜这种特殊的滤镜，由于自然界中的光线往往光比很大，一张照片中，如果亮部区域和暗部区域的反差过大，则为摄影师的曝光出了难题。此时，中灰渐变镜就能派上用场了。

典型的案例是拍摄带有天空的风光照片时，利用中灰渐变镜这种由均匀的中性灰逐渐过渡到无色透明的滤色镜。可以适度地压暗天空，做到还原暗部细节的同时，使天空不至于曝光过度。

中灰渐变镜只是渐变镜大家族中的一员，渐变镜中还有其他颜色可供选择，如渐变橙、渐变蓝等。摄影师使用渐变镜，能够改变照片色彩和影调，降低地面和天空的反差。

中灰渐变镜使用前后效果对比

普通中灰渐变镜片

选购渐变镜时，要仔细检查镜片中"渐变"部分的过渡是否均匀而自然。

实用的高坚创意系统

高坚创意滤镜系统，是独树一帜的特殊功能滤镜系统。它最大的用途是可以调整常用的中灰渐变镜的渐变部分在照片画面中的高低和位置。

要想安装和使用高坚创意系统的滤镜，必需先在镜头的前方安装一个塑料转接环，随后，在这个转接环上安装一个塑料的长方形滤色镜架子。通过这个滤镜架，摄影师可以安装各种滤镜，不仅是渐变镜，还包括中性灰镜，以及其他滤镜，只要规格相同，皆可以在此滤镜架安装使用。

如果使用高坚系统的中灰渐变镜，在实拍过程中，摄影师可以通过调整方形滤色片的上下位置来调整地平线的位置，以获得正确的曝光。

如果使用滤镜的效果不明显，摄影师还可以通过在一个滤镜架上安装多个滤镜的方式，组合使用，强化各个滤镜的作用，以期达到良好的最终效果。

高坚创意系统由镜头转接环、滤镜架和滤镜三部分组成。摄影师在选购时要了解自身相机常用镜头的滤镜口径，选择相应的转接环。另外，在配合口径不同的镜头使用时，只需更换高坚创意系统转接环中的镜头口径功能片即可。这一设计十分巧妙，不但具有良好的兼容性，又解决了因为各支镜头滤镜口径不一而重复投资的问题。

高坚创意系统中使用的滤色片价格不菲，一片的市场价格在 150 元至 200 元之间。它们拥有一个独立的塑料包装盒，摄影师在取放和安装的过程中，要小心夹住滤镜的两侧，不要触摸滤镜表面，因为这种滤镜的材质不是玻璃，而是特殊的树脂材质，更易损坏。

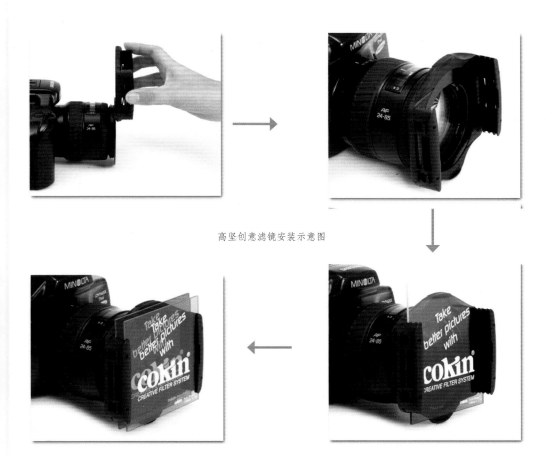

高坚创意滤镜安装示意图

ND 灰镜减光慢速拍摄

　　风光摄影师常用 ND 镜作为辅助来拍摄潺潺的流水效果。由于白天的光照强度大，很多情况下，即使缩小光圈，也很难满足将快门速度降低到慢快门拍摄的需求。为了保证拍摄效果，可以使用 8 挡的可变等级 ND 镜，通过旋转改变灰度，最多削减 8 级光圈。ND 镜也称灰镜或减光镜，它在可见光范围内有一定的吸收特性，起阻光作用，但对拍摄来讲，没有任何的色彩改变作用，是一种常用的调节光亮的滤光镜。由于 ND 镜有较强的阻光作用，在曝光值选择适当的前提下，在日光下可拍摄到夜晚城市的车流效果。

灰镜

使用灰镜降低相机进光量，延长曝光时间
光圈：f/22 曝光时间：0.6s 感光度：ISO100 焦距：35mm

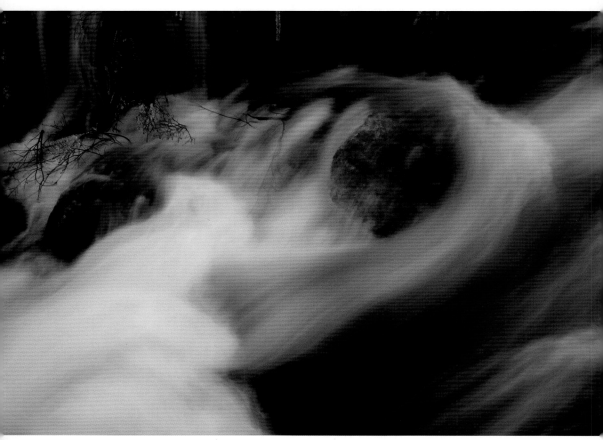

使用星光镜拍摄点光源及其照明下的夜景，可以产生十字星光等特殊效果
光圈：f/4 曝光时间：1/5s 感光度：ISO3200 焦距：12mm

星光镜

星光镜美化夜景

　　星光镜以发光点为中心，分2线、4线、6线、8线、16线等。制造商在无色光学玻璃表面有规则地蚀刻一系列平行线条，产生光的衍射作用后，形成光芒四射的效果。此外，还有星光伴随七色光效果的星光彩虹镜。使用星光镜拍摄时，它只对强烈的点光源或直射光起到星芒渲染的作用。在取景器中看到效果后，可以旋转滤镜，改变星芒射线的角度，从而完善构图。

第 **3** 章

拓展单反相机的必备 ……………

拍摄附件

数码单反相机机身附件

LCD 保护屏

　　数码单反相机身背部的 LCD 显示屏尺寸越来越大，像素数和色彩表现力不断增强。然而它的表面却很脆弱，如果和一些坚硬的物质发生摩擦，屏幕表面就会磨花，这不仅影响照片回放的效果，还令相机在二手交易时大大贬值。固此，一些附件厂商推出了针对不同机型的各种材质 LCD 保护罩。

玻璃材料的 LCD 保护罩

　　除了常见的卡片式保护罩以外，还有一类具有遮光功能的 LCD 保护罩，不但可以保护屏幕免遭磨花，而且其特有的折叠型遮光罩可以让影友在阳光非常强烈时遮蔽环境光线，看到照片回放的真容。

具有遮光功能的 LCD 保护罩

电子快门线

快门线与遥控器

　　在使用三脚架追求完美画质的拍摄过程中，手部动作引起的轻微的快门震动，仍然会影响照片的清晰成像。为了避免这种负面影响，可使用电子快门线来触发快门，完成拍摄。这样可以完全规避震动的影响。数码单反相机和传统相机的快门线有着本质的区别，除了常见的电子快门线以外，一些遥控式快门线也应运而生。它们可以使摄影师距离相机更远，操控起来也更加方便。

快门触发遥控式

加强型背带

　　为了应付繁重的野外拍摄任务，提高挂配的舒适性，在动物摄影中更好地隐蔽自己的位置，一些附件厂商推出了承载力更强、挂配更舒适的迷彩单反相机背带。

迷彩背带

竖拍手柄往往具有电池仓的附加功能

一些竖拍手柄上也具有各种繁杂的功能键，可以使摄影师在竖握相机时完成各种复杂的设定

竖拍手柄

打开数码单反相机的电池仓，取出锂电池，利用这个凹槽以及螺丝固定的帮助，可以为数码单反相机安装竖拍手柄。竖拍手柄不但可以在拍摄竖幅构图的画面时为相机提供更好的握持性能，还可以用其自身的空间安装更多、更大容量的电池，增加相机的续航时间。有些高端相机配备的竖排手柄功能很强，上面布满了各种按键，以保证摄影师无论横拍还是竖拍，都能完成各种功能的设定。

直角取景器

直角取景器可以改变摄影师取景构图的方式，通过其内部的一个 45° 角的反光板，利用反射原理，改变进入取景器的光线的光路。

直角取景器安装在相机的常规取景器上，利用这个装置，摄影师可以更方便地使用低角度等特殊角度进行构图、取景拍摄。这项功能类似一些数码相机的可翻转的液晶屏功能。面对一些特殊的拍摄角度，摄影师只有配备了直角取景器才能完成拍摄。

直角取景器的角度可以在小范围内旋转调整，影友们在选购直角取景器时，要注意它与机身的兼容性，因为这种可爱的附件并不是对所有相机都完全适用。

装配在数码单反相机上的直角取景器

直角取景器

邮电

存储卡

存储卡早已不是数码相机刚开始普及时的那个昂贵的必备品了，而是容量越来越大、价格也很低廉的摄影附件。

存储卡的种类

随着激烈的市场竞争和各种标准的统一，现在市面上的存储卡种类已经大大减少，从最初的 7~8 种到现在通用的 3~4 种，兼容性大幅提高。市面上比较常见的存储卡主要有 SD 卡、CF 卡和索尼记忆棒这 3 个种类。

SD 存储卡

CF 存储卡

索尼记忆棒

TF 存储卡

CF 卡：这种存储卡体积最大，历史悠久，从 20 世纪 90 年代中期诞生以来，就一直被专业数码单反相机所采用。虽然它在体积方面不占优势，但具有安全性高、容量大、结构简单等特点

SD 卡：SD 卡小巧轻便，传输速度快，几乎被所有的消费级数码相机所采用，这种存储卡的发展前途不可限量

索尼记忆棒：记忆棒是索尼独立开发的存储卡标准，一般而言，在索尼品牌的相机中应用最多

存储卡的性能和选购

　　存储卡除了容量的不同以外，最主要的区别就是读写速度了。随着数码单反相机像素的不断提升，摄影师对存储卡速度的要求也越来越高，尤其是那些经常使用连拍功能的体育或动物摄影师。

　　高端存储卡拥有最快的读写速度，但价格也较为昂贵，对于普通影友而言，实际应用的价值并不大。一些中端数码单反相机自身的读写速度就不快，无法发挥高速存储卡的性能优势。

　　对于一般用户来说，选购品牌知名度大、中档次的存储卡产品就足以满足拍摄的需求了。随着容量的提升，存储卡的价格也在不断下降。市场行情变化很快，在选购之前一定要做足功课。另外，部分品牌的存储卡在市场上存在仿冒品，为了保证数据安全，最好到信誉好的大经销商处选购存储卡。

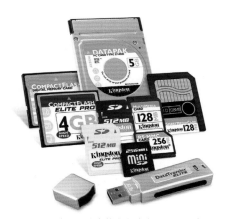

几种不同的存储卡与读卡器、优盘在一起

CF 卡读卡器

SD 卡读卡器

读卡器

　　数码照片拍摄完成后，通常要将存储卡拔下，插入读卡器，通过连接 USB 接口将照片导入电脑。

　　读卡器的品种很多，一般都是国内厂商出品的，价格也十分公道低廉。它们的主要区别是传输速度和可使用的存储卡种类。笔者在这里建议影友选购兼容性强、能够接驳各种存储卡的读卡器，尤其是对 CF 和 SD 两种存储卡都要兼容，以满足自己的需求。

三脚架

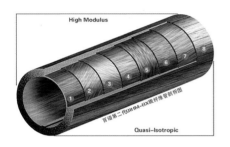

一个撑开状态的三脚架

多层结构的碳纤维管材示意图

三脚架的功能和预算

三脚架可以提高相机的稳定性，获得最优异的图像品质。在弱光环境中拍摄时，相机配合三脚架可以实现长时间曝光的拍摄。

虽然防抖技术等新技术逐渐得到普及，但三脚架仍然是严谨拍摄的必备附件。

仅仅拥有高档的机身和昂贵的镜头是不够的，根据一些成熟摄影师的经验，购买三脚架的预算应该占整套摄影器材的六分之一左右。

三脚架的材质

市面上的三脚架种类和品牌都非常多。如何从几十元到几千元的三脚架中选购最适合你的产品呢？首先，必须要了解三脚架的材质，它是划分三脚架档次和价格的重要因素。

三脚架的材质从最初的钢铁、铝合金，发展到后来的火山石和碳纤维材质。不同的材质带来的最大差异是重量，一些廉价材质的三脚架虽然非常稳定，但由于重量过大，不便于携带，已经逐渐被市场淘汰。

当前，兼顾稳定性和轻便性的最佳材质是碳纤维，多层结构的碳纤维管材拥有比金属更轻的重量，便携性极佳，而碳纤维脚架的价格也在逐渐下探。目前，一款国产主流产品的价格在 1500 元左右，值得影友们选购使用。

两种云台的取舍

三脚架和相机之间有一个连接机构，它就是云台。云台起着调节相机拍摄角度的重要任务。市面上的云台主要分为两种：一种是三维云台，另一种是球形云台。

三维云台拥有三个锁扣，可以在 3 个方向上进行精确的调整。它结构简单，负载能力强，也更加稳定，是专业摄影师，尤其是建筑摄影师的必备云台。三维云台的缺点是体积比较大，轻便性不是太好。

球形云台对于大多数影友而言更加适用，它的操作和拍摄角度的调整都更加便利。使用时，松开锁紧机构以后，就可以任意变换拍摄角度了。确定好拍摄角度以后，拧紧锁紧机构就可以拍摄了。

三维云台

云台上的水平仪

捷信品牌的球形云台

快装板

为了方便安装和拆卸相机,快装板这个机构应运而生。大多数云台都配有快装系统,快装板通过螺丝安装在相机的底部,利用不同的卡死和锁紧机构,一个安装了快装板的单反相机可以快速地在云台进行安装和拆卸。

三脚架的锁扣

安装快装板的过程

三脚架的管脚头部

三脚架的锁扣和管脚

三脚架的固定伸缩腿管的方式有两种,一种是扳扣式,另一种是旋转拧紧的螺旋式。它们各有优缺点,扳扣式锁紧机构操作便利,但占有一定的体积和重量;旋转拧紧机构是未来发展的趋势,在大多数高档三脚架上,都采用了螺旋式的腿管锁紧机构。

数码单反相机底部安装快装板的螺丝口

除了锁扣以外,三脚架的管脚也有很多种,很多三脚架的通过旋转管脚可以边缘与地面接触点的管脚末端机构,以方便在松软、坚硬等不同的地面上拍摄操作。

轻便实用的独脚架

相比三脚架,独脚架的重量和体积更轻更小,极易携带。使用独脚架支撑相机,可以提供相当于放慢 3 挡左右快门速度的稳定性能。

独脚架的材质以及结构和三脚架差别不大,建议读者不要购买高端独脚架,因为不同档次的独脚架性能差异很小,这也是由独脚架的使用方式决定的。

在鸟类摄影和体育摄影中,独脚架得到了广泛的应用。它不但更轻便,而且操作和移动起来更快,这也是它相比三脚架的性能优势。

实用轻便的独脚架

一位正在使用三脚架的影友

实用轻便的单肩摄影包

摄影包往往被影友们所忽视，其实，它的作用至关重要。优秀的摄影包可以起到保护你整套昂贵摄影器材的重要作用，因此，摄影包的选购绝不能马虎。

市面上普及率最高的摄影包是单肩摄影包，它通过几个可以自由拆卸、组合的隔断来存放单反机身和镜头。单肩摄影包的体积和容量变化很大，小一点的更加轻便，大一点的则可以携带足够多的镜头和附件。

单肩摄影包在背负时可以斜挎，也可以直挎在肩上，由于重量集中在身体的一侧，不利于长时间背负携带。它的优点是取放器材方便。如果使用斜挎的方式背负，防盗性也不错。

常见的单肩背负式摄影包

双肩摄影包　　　　　某款双肩摄影包的内部结构

承载能力极强的双肩摄影包

双肩摄影包的体积和容量更大，适合长途旅行或徒步穿越。它的容量足以容纳包含一支长焦镜头在内的两机四头及闪光灯和滤镜等附件。由于摄影器材很沉，为了提高舒适性，双肩摄影包的背带往往都十分宽大，且多配有腰部锁扣，通过腰部分担摄影包的重量，进一步提高了背负的舒适性。

双肩摄影包的缺点是取放相机不够方便，自重较沉，且防盗性不佳。但它无与伦比的容量和长时间背负的舒适性，使其成为专业风光摄影师跋山涉水的首选摄影包。

摄影包的功能、细节和选购

摄影包的设计多种多样。影友们在选购摄影包时，不但要考虑品牌、材料和背负舒适性等特征，而且还要考虑摄影包的功能设计。

一些摄影包创新性的设计非常实用，值得推崇。例如，某些双肩摄影包在两侧靠近背部的地方设计了一个拉锁门，摄影师可以在不摘下摄影包的情况下轻松地取放相机。

巧妙的设计可以使摄影师在不摘下背包的情况下取放相机

　　还有一些双肩摄影包在正面带有线绳拴缚系统，可以将一个常规大小的三脚架固定在摄影包上，避免背负摄影包的同时，还要另行携带三脚架。

　　摄影包多在野外使用，有时拍摄环境非常恶劣，摄影包必需足够坚固而且拥有一定的防水性能。图中所示的就是摄影包特有的防水拉链，摄影包的材质一般都具有一定的防水性能，但要想真正做到完全防水，在大雨中仍然穿行自如，就要选购那些带有防雨罩的摄影包产品。

打开的摄影包及摄影器材

摄影包的防水拉链

闪光灯

机顶闪光灯

机顶闪光灯的局限

　　和外接闪光灯相比，单反相机的机顶闪光灯在功能上比较局限。它的闪光输出量有限，主要作用是对近距离的物体进行补光。此外，它的闪光功能也比较单一，无法像外接闪光灯那样创造出各种奇妙的光影效果。

外接闪光灯功能介绍

　　外接闪光灯需要另行选配，不但体积大、重量沉，而且需要独立供电，价格也不便宜。但它可以提供单反相机机顶闪光灯无法实现的各种闪光功能，在人像摄影等特殊的领域中，为画面的创意提供技术的可能性。

　　外接闪光灯通过闪光灯背面的按钮和液晶屏幕进行功能调节，它能实现的特有闪光模式如下表所示：

反射闪光：通过改变闪光灯头的照射角度，利用照射墙壁等物体产生的反射光照亮被摄物体，这种闪光方式可以提供更加柔和的光照

灯头变焦：通过与相机的联动和数据传输，闪光灯会根据镜头的焦距进行"变焦"，改变闪光的照射范围和角度

装载了外接闪光灯的单反相机

频闪：通过在极短的曝光时间内进行一定频率的多次闪光，捕捉运动物体的多个连续影像

高速闪光同步：克服数码单反相机闪光同步速度的限制，使相机在高速快门下也可以完成闪光

闪光灯背部的LCD显示屏具有各种功能指示

外接闪光灯的灯头可以变换照明角度

外接闪光灯的灯头可以变换照明角度

可变换照明角度的闪光灯头

外接闪光灯的一个重要特征就是可以在不同的角度旋转闪光灯头，以实现反射闪光的功能。从图中我们可以看出，通过闪光灯头的俯仰和左右变换，摄影师可以利用闪光灯照亮某些具有漫反射特性的物体，再通过二次闪光照亮被摄主体，彻底改变闪光灯的光质，营造更为出色的闪光效果。

能提升光质的闪光灯柔光罩

无论是机顶闪光灯还是外接闪光灯，它们的共同特点就是光质较硬。这时，可以另行选配一个闪光灯的柔光罩，通过安装这个柔光罩，可以在一定程度上将闪光灯的硬光变软，使光照更加柔和。在人像摄影中，它可以起到非常好的改善光质的效果。

可以改善光质的闪光灯柔光罩

微距闪光灯

针对特殊的拍摄题材，例如昆虫、花卉等微距摄影的需要，数码相机厂商也提供多种球形或多灯组合的环形微距闪光灯。这种闪光灯可以在更近的距离内均匀地照亮微距镜头下的物体，为微距摄影的创作提供了更大的便利。

用于微距摄影的球形闪光灯

你必须掌握的

第4章

基础曝光理论

光圈的原理

什么是光圈

在数码单反相机的镜头中，可以看到有多个黑色金属叶片组合而成的机械模块，这就是镜头的光圈。有些镜头在未装到数码单反机身上时呈收缩状，在叶片的交织作用下，形成了很小的孔径。大部分镜头在透过镜头观察时，都可以看到叶片中形成了一个较大的通光孔径。尤其在镜头安装在机身上之后，因为数码单反相机均为全开光圈对焦，所以明显可以看到这个通光孔径。根据镜头光圈叶片数的不同，光圈孔径的形状也有所不同，大部分镜头的光圈孔径更趋近于多边形。

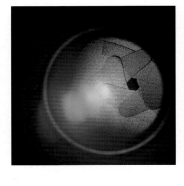

其他设置不变，开大光圈时拍摄的照片更亮

光圈的功能

对于数码单反相机的成像，光圈肩负了两大使命：第一是控制相机的"曝光"，第二是对"成像效果"有影响。对于"曝光"的控制，主要是通过光圈叶片在照片拍摄时的机械开合，形成不同大小的孔径，来控制进入镜头的光线。对于"成像效果"，我们在之后的画质与景深等章节中会加以介绍。

其他设置不变，缩小光圈时拍摄的照片更暗

光圈大小与通光量

数码单反相机的光圈设置影响着镜头的进光量。在快门速度相同的情况下，使用大光圈时通过镜头的光线多，拍摄的照片更亮；使用小光圈时通过镜头的光线少，拍摄的照片更暗。

光圈的表示方法

数码单反相机的光圈用字母 F 来表示，有时也会使用小写字母 f。光圈从最大 F1 开始，最小通常为 F22、F32 或 F45，常见的光圈数值有 F1.4、F1.8、F2.8、F5.6、F8 等。其中 F1 光圈表示的镜头通光量相当于人眼在正常情况下实际看到景物的亮度。之后，以此为标准，使用分割亮度等级的方式，规定其他各挡光圈。

光圈的数值表示方式来源于通光孔径的圆形开口面积，例如，F1.4 就相当于 F1 通光面积的 1/1.4（具体可以参考圆周率）。因此在光圈的表示中，数值越大，实际光圈的孔径就越小，进光量也就越少。

在数码单反相机中，光圈每增加一个正级数，光线的通过量就会减半，这是因为镜头孔径的开口面积减半了。在国际定义中，把 F1.4、F2、F2.8、F4、F5.6、F8、F11、F16、F22、F32 称为光圈的正级数。如今的数码相机为了精确控制曝光，在正级数的中间还加入了中间级数，例如 F1.2、F1.8、F2.5、F3.5、F4、F4.5、F 6.7、F9.5、F13、F19、F27 等。对于专业级数码单反相机，还加入了像 F1.1、F1.6、F2.2 等 1/3 级光圈。

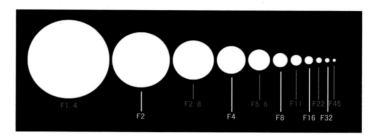

光圈与照片素质

由于数码单反镜头构造和光学特性等特殊原因，当使用最大光圈拍摄照片时，照片中对被摄物体的细节呈现往往不尽如人意。对于一些非专业镜头，在使用全开光圈拍摄照片时，在照片的四周还会出现分辨率下降或者有暗角的现象。对于数码单反相机的图像传感器结构来讲，使用过小的光圈也会影响照片的画质。因此，对于不同的镜头来讲，常有 F8 或 F11 等最佳光圈的说法。

使用超广角镜头的最大光圈拍摄，照片边缘画质下降

快门

什么是快门

　　数码单反相机的快门是一套可以控制开合时间的机械与电子混合模块，我们可以将其理解为感光元件前面的黑色挡片。

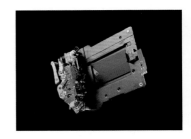

快门与通光量

　　在使用数码单反相机拍摄时，当按下快门的一瞬间，反光板抬起的同时，快门会经过一开、一合的过程。这时，相机的感光元件就会记录快门开合中间的画面。快门的开合速度决定了相机感光元件的曝光时间，因此，使用不同开合速度的快门时，拍摄的照片亮度就会不同。

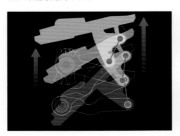

快门的表示方法

　　数码单反相机的快门速度以"秒"作为计量单位，快门的开合过程用时越长，曝光量就越多；快门的开合过程用时越短，曝光量就越少。对于通常的数码单反相机，快门速度从最慢的30秒起，到最快的1/8000秒为止。常见的快门速度有30秒、15秒、8秒、4秒、2秒、1秒、1/2秒、1/4秒、1/8秒、1/15秒、1/30秒、1/60秒、1/125秒、1/250秒、1/500秒、1/1000秒、1/2000秒、1/4000秒、1/8000秒等。

其他设置不变，提高快门速度时，拍摄的照片更亮

其他设置不变，降低快门速度时，拍摄的照片更暗

　　为了更加精确地控制数码单反相机的曝光，通过菜单的设置可以在原有的快门速度中选择1/2级或1/3级的快门速度。对于1/2级快门速度，常见的有20秒、10秒、6秒、3秒、1.5秒、0.7秒、1/6秒、1/10秒、1/20秒、1/45秒、1/90秒、1/180秒、1/350秒等。

快门的结构与原理

数码单反相机的快门属于"幕帘式快门"，它位于相机的图像传感器前，通过上下开合来控制相机的曝光时间，因此它也被称为"纵走式快门"。这种快门分为"前帘"和"后帘"两个部分，在拍摄照片时，前帘首先打开，让相机的图像传感器感光。之后，由后帘负责关闭快门来结束感光。

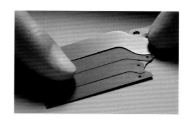

数码单反相机快门的工作流程

快门速度与成像

数码单反相机快门的速度控制着感光元件的曝光时间，当使用高速快门时，可以将高速运动的景物凝结在照片画面当中；当使用慢速快门时，可以记录被摄景物移动的轨迹。

高速快门的凝结效果

这张照片拍摄于雾灵山风景区，在夏季溪水流量大的时候，经常会出现飞溅的水花。当时正处于正午，晴天的太阳光直射让整个拍摄场景非常明亮。摄影师在拍摄时使用1/1000秒的快门速度，这足以将水花飞溅的瞬间凝结在画面当中。由于水花反光强烈，层次不太分明，摄影师采用了贴近地面的低拍摄角度，在水花后面使用阴影中的树林作为映衬，采用明暗对比的方法将高速的瞬间完美地记录下来。

使用高速快门拍摄，将飞溅的水花凝结在照片中
光圈：f/4 曝光时间：1/1000s 感光度：ISO200 焦距：150mm

慢速快门记录运动轨迹

　　这张照片拍摄于九寨沟的瀑布群。摄影师选择了一个逆光的瀑布，这样可以让拍摄场景尽量少受太阳光照的影响。在使用数码单反相机完成取景后，摄影师将相机固定在三脚架上，使用快门优先 Tv 模式（在之后的拍摄模式章节中会具体介绍），将相机的曝光时间设定在 2 秒进行拍摄。在数码单反相机快门打开的 2 秒之中，水流的整个运动过程被感光元件记录下来，形成了柔顺的丝绸状。由于使用了三脚架进行辅助拍摄，水流之外的景物相对于相机，处于静止状态。

使用慢速快门配合三脚架，记录水流动的轨迹
光圈：f/22 曝光时间：2s 感光度：ISO100 焦距：15mm

如何决定快门速度

在使用数码单反相机拍摄照片时，要以相机镜头的焦距、被摄物体与相机的距离、被摄物体的移动速度和被摄物体的运动方向为依据，决定快门速度。

为了拍摄出清晰的体育题材照片，摄影师配备了70~200mm 的镜头，当采用200mm 焦距进行拍摄时，为了避免因手抖而造成画面不清晰，首先要使用1/200秒以上的快门速度。这种焦距倒数的曝光时间，我们称之为拍摄静止物体的安全快门。考虑到运动员的奔跑速度，摄影师在安全快门的基础上，又提高了快门速度，最后使用了1/1600 秒将运动员的奔跑瞬间凝结在画面当中。

使用高速快门配合独脚架，凝固奔跑的瞬间
光圈：f/4 曝光时间：1/1600s 感光度：ISO100 焦距：200mm

使用慢速快门配合独脚架，平移追随拍摄运动员
光圈：f/4 曝光时间：1/100s 感光度：ISO100 焦距：160mm

为了拍摄出带有特效的照片，也可以利用特殊的技法结合慢快门进行拍摄。为了体现出运动员的高速奔跑状态，摄影师将数码单反相机安装在独脚架上。当运动员在跑道上平行于镜头高速通过时，摄影师采用从左到右转动相机的方法，追随拍摄运动员。由于采用了慢速的快门，相机的移动导致照片背景产生了横向的运动模糊。由于相机在拍摄时相对于运动员是静止的状态，运动员在照片中是清晰呈现的。

控制照片的景深

什么是景深

在使用数码单反相机进行拍摄时，调节相机镜头对焦环，或者半按快门对焦，使与相机有一定距离的景物清晰成像。这个调节的过程被称为"对焦"，被摄景物所在的点被称为对焦点。"清晰"并不只是在一个绝对的平面上，因此在对焦点前、后一定距离内，景物都会清晰成像。这个前后范围的总和被称作"景深"。

影响景深的三要素

影响景深的三个主要因素包括：镜头的焦距长短、相机距离被摄物体的距离远近、相机光圈的大小。

在使用数码单反相机拍摄照片时，在其他因素和设置不变时，使用的镜头焦距越长，景深越小；使用镜头焦距越短，景深越大。

使用同样的数码单反相机和镜头，在同样的设置下，距离被摄物体越近，景深越小；距离被摄物体越远，景深越大

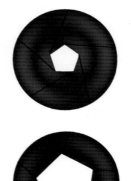

在镜头焦距与拍摄距离不变的情况下，使用的光圈越大，景深越小；使用的光圈越小，景深越大。

使用大光圈拍摄，背景虚化强烈
光圈：f/4 曝光时间：1/125s 感光度：ISO100
焦距：70mm

使用小光圈拍摄，背景虚化程度较弱
光圈：f/11 曝光时间：1/20s 感光度：ISO100 焦距：70mm

光圈大小与景深

　　使用数码单反相机时，在相机镜头焦距不变、相机与被摄物体距离不变的情况下，使用的光圈越大，景深就越小。在这张花卉照片的拍摄中，摄影师用三脚架固定相机，使用镜头的70mm端，将光圈开大到F4后进行拍摄。在观察这张照片时可以发现，黄色花朵由于在景深范围之内，所以被清晰地记录下来。由于F4光圈的景深小，背景中的红色和粉色花朵被强烈地虚化。

　　同样在相机镜头焦距不变、相机与被摄物体距离不变的情况下，摄影师将相机镜头的光圈缩小到F11进行拍摄，这时曝光时间只有1/20秒。为了避免照片因为手抖而拍虚，在拍摄时使用三脚架固定，并使用了遥控快门线进行拍摄。在照片中可以看出，由于使用了F11这样的小光圈，景深范围较大，背景中红色和粉色花朵的虚化程度明显受到削弱。

镜头焦距与拍摄距离的影响

在使用数码单反相机拍摄照片时，想要控制照片的景深，有很多种方法。其中最常用的就是使用长焦镜头，并配合较大的光圈进行拍摄，这在花卉和人像照片中常常用到。这张花卉照片在拍摄时，即使背景的绿草距离主体花朵非常近，由于使用长焦镜头配合使用较大的光圈，依然可以获得虚化效果。这也是众多专业摄影师对大光圈镜头情有独钟的原因。不过，使用长焦镜头会带来一个问题：由于成像视角小，照片中涵盖的背景会比较少。

使用长焦镜头拍摄，背景虚化强烈

光圈：f/4 曝光时间：1/125s 感光度：ISO100 焦距：180mm

使用超广角镜头并开大光圈拍摄，背景虚化同样强烈

光圈：f/2.8 曝光时间：1/250s 感光度：ISO100 焦距：16mm

在使用焦距较短的广角镜头，甚至超广角镜头拍摄时，一样可以获得背景虚化的效果，并且在背景中可以涵盖更多的景物，因为广角镜头的成像角度更宽广。拍摄与上一张照片同样的花卉，在使用焦距较短的镜头时，可以利用拍摄距离影响景深的方法获得背景虚化的效果。这张照片就是摄影师使用超广角镜头，在开大光圈的同时，将镜头尽量靠近花卉主体拍摄而成的。与长焦镜头虚化背景不同的是，这张照片中不仅花朵主体清晰，在背景中还涵盖了木屋和天空等景物。

感光度

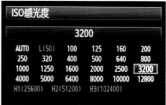

什么是感光度

　　感光度可以理解为相机的 ISO 数值，在数码单反相机上常以 ISO100、ISO200 这样的形式表示。ISO 感光度是衡量传统相机所使用胶片感光速度的国际统一指标，它反映了胶片感光时的速度（其实是银元素与光线的光化学反应速度）。数码相机并不使用胶片，而是通过感光器件以电子线路来感应入射光线的强弱。为了与传统相机所使用的胶片统一计量，引入了 ISO 感光度的概念。同样，数码相机的 ISO 感光度反映了其感光的速度。ISO 的数值每增加 1 倍，感光的速度也相应地提高 1 倍。例如，ISO200 感光度比 ISO100 感光度的感光速度提高 1 倍，ISO400 感光度比 ISO200 感光度的感光速度提高 1 倍，而比 ISO100 的感光速度提高 3 倍，并依此类推。

感光度的提升

　　数码相机的感光度提升，是通过调整感光元件的灵敏度或者合并感光点来实现的。通过提升感光元件对光线的敏感度，或者合并几个相邻的感光点来达到提升 ISO 数值的目的。在对感光度的称呼上，对于 ISO100 及以下的感光度，常称作低感光度；对于 ISO400 及以上的感光度，常称作高感光度。

感光度与快门速度的关系

　　在使用数码单反相机拍摄照片时，感光度的高低同样会影响照片的曝光。在拍摄同一场景时，如果感光度提高 1 挡，那么快门速度就要相应地提高 1 挡，这样拍摄出的照片才能保证亮度相同。同样，如果感光度降低 1 挡，那么图像传感器对光线的敏感度下降。只有让快门速度更慢，让更多的光线进入相机，让感光元件接收，才能保证照片的亮度不变。当拍摄环境光不足时，提高感光度可以起到提高快门速度的作用，这样才可以保证手持相机拍摄时，不会因为手抖而引起照片发虚。

使用自动曝光模式拍摄，照片曝光正常
光圈：f/4.5 曝光时间：1/1600s 感光度：ISO100
焦距：28mm

使用手动曝光模式提高感光度拍摄，照片曝光过度
光圈：f/4.5 曝光时间：1/1600s 感光度：ISO800
焦距：28mm

感光度对画质的影响

在保证照片尺寸不变的情况下，数码单反相机提高感光度就等于加大了感光元件的灵敏度。用这种方式将信号放大的同时，也会将干扰信号放大。因此，在拍摄的照片时就会产生干扰像素点，我们称之为噪点。随着感光度的不断提升，尤其到了ISO3200或者ISO6400时，不仅照片中的噪点增多，画面的锐利程度也会下降，色彩饱和度也会下降，同时还会出现偏色的现象。

使用感光度ISO3200拍摄的沈阳故宫夜景照片。在局部放大后可以看出，照片暗部产生了大量的图像噪点和杂色

光圈：f/4　曝光时间：1/15s　感光度：ISO3200　焦距：12mm

色温与白平衡

色温从低到高的色彩变化示意图

人对色彩的感知

物体呈现的色彩会受到环境色温的影响，例如夕阳下的绿树会被染成黄色，白炽灯下的白纸会呈现出淡黄色。即便如此，这也不会影响我们对色彩的判断，依然会认为树叶是绿色的，纸张是白色的。这是因为人的大脑会根据环境变化来调整对色彩的认知。

色温与相机白平衡

数码单反相机都有白平衡调整的功能，我们可以将这里的"白平衡"理解为"平衡白"，这种功能是一种修正色温的机制。对于传统摄影，胶片的色温是固定的，在室内白炽灯下拍摄的照片就会偏黄，在阴天拍摄的照片就会偏蓝。在冲洗照片时，冲印店会将其校正。对于专业摄影师，使用传统胶片相机时需要配备一系列光学的色温滤镜，用于随时修正照片的色温。对于先进的数码单反相机，通过"自动白平衡"功能，在拍摄照片时就可以将色偏校正，并且还可以通过手动白平衡来获得特殊的照片效果。

什么是色温

在讨论彩色摄影用光问题时，摄影师经常提到"色温"的概念。色温是表示光源光色的尺度，单位为 K（开尔文）。一些常用光源的色温为：标准烛光为 1930K，钨丝灯为 2760~2900K，荧光灯为 3000K，闪光灯为 3800K，中午阳光为 5400K，蓝天为 12000~18000K。色温是按绝对黑体来定义的，开尔文认为，假定某一纯黑物体，能够将落在其上的所有热量吸收，而没有损失，同时又能够将热量生成的能量全部以"光"的形式释放出来的话，它产生辐射最大强度的波长随温度变化而变化。当黑体受到的热力相当于 500℃~550℃时，就会变成暗红色（某红色波长的辐射强度最大），达到 1050℃~1150℃时，就变成黄色。因此，光源的颜色成分是与该黑体所受的热力相对应的。

日光下使用自动白平衡拍摄，照片的色彩正常
光圈：f/3.2 曝光时间：1/500s 感光度：ISO100 焦距：185mm

日光下使用白炽灯白平衡拍摄，照片整体出现色偏
光圈：f/3.2 曝光时间：1/500s 感光度：ISO100 焦距：185mm

测光系统

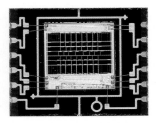

数码单反相机63分区测光传感器

在使用数码单反相机拍摄时,用食指半按快门,相机就会启动"TTL"(Through The Lens,通过镜头)测光功能。这时,入射光线通过相机的镜头以及反光板折射,进入机身内置的测光感应器。测光感应器和图像传感器(CCD或者CMOS)的工作原理类似,将光信号转换为电子信号,再传递到芯片进行处理器运算,之后达到一个适合于这个拍摄场景的光圈值和快门值。再完全按下快门,相机按照给出的光圈值和快门值,自动曝光拍摄。

自动测光系统的工作原理

在自动测光时,相机自动假设所测光区域的反光率都是18%(18%这个数值是根据自然景物中的中间色调,即灰色调的反光表现而定),通过这个比例进行测光后,相机给出光圈和快门的数值。在前一章介绍过,光圈和快门是有关联的,在同样的光照条件下,光圈值越大,则快门值越小;光圈值越小,快门值越大。

曝光值 EV

1/125	2.0	
P	-3..2..1..0..1..2.:3	
⊙	ISO 100	
□	S	AI SERVO
▭	50	〔 50〕

数码单反相机光圈快门菜单图

曝光值是标定数码单反相机镜头通光量的一个数值,常用英文简写EV(即Exposure Value)来表示。曝光值是由相机快门速度值和光圈值共同组成的,这组数值决定了数码单反相机感光元件(CCD或CMOS)的曝光量。我们可以将曝光值、光圈大小和快门速度的关系理解为:曝光值 = 光圈 + 快门。当感光度为ISO100时,光圈为F1,快门速度为1秒,那么EV值就是0;当光圈为F1.4,快门速度为1秒时,EV值为1;当光圈为F1,快门速度为1/2秒时,EV值依然是1。

影响照片曝光的因素

从曝光值的概念中可以了解,数码单反相机光圈、快门和感光度是用来控制曝光的重要因素。光圈越大,镜头通光量越大;快门时间越长,感光元件接收光线的时间越长;感光度越高,感光元件的敏感度越高。

测光模式

数码单反相机内置了反射式测光系统,这种系统的准确度容易受到被摄体颜色以及背景的亮度的干扰,因此相机厂商为其研发了多种测光模式,以适合不同的拍摄场景。

评价测光

评价测光也被称为矩阵测光、分区测光或者蜂巢式测光(各相机厂商的命名不同)。评价测光的计算方式为:将取景画面分割为若干个测光区域,每个区域独立测光后,再整体整合加权,计算出一个整体的曝光值。多区评价测光是目前最先进的智能化测光方式,是模拟人脑对拍摄时经常遇到的均匀或不均匀光照情况的一种判断,即使是对测光不熟悉的人,用这种方式,一般也能够得到曝光比较准确的照片。这种模式更加适合于拍摄大场景的照片,例如风景、合影等。在拍摄光源比较正、光照比较均匀的场景时效果最佳。目前,它已经成为摄影师和摄影爱好者最常用的测光方式。

对于现场亮、暗反差较大的拍摄场景,使用评价测光模式可能会出现亮部曝光过度或者暗部曝光不足的情况。这时,应该权重画面的亮度分布以及主体表现的内容,使用其他的曝光模式拍摄。

在光照均匀的场景中使用评价测光，曝光正常
光圈：f/10 曝光时间：1/250s 感光度：ISO100
焦距：21mm

在大光比的场景中使用评价测光，暗部失去细节
光圈：f/11 曝光时间：1/640s 感光度：ISO100
焦距：24mm

拍摄主体几乎充满画面时，适合使用中央重点测光
光圈：f/5.6 曝光时间：1/320s 感光度：ISO100 焦距：70mm

中央重点测光

中央重点测光主要考虑到一般摄影者习惯，将拍摄主体放在取景器的中心，所以这部分拍摄内容是最重要的。因此测光系统会将相机的整体测光值分开计算，中央部分的测光数据占据绝大部分比例，而画面中央以外的测光数据作为小部分比例，起到辅助测光作用。经过相机的处理器对这两个数值加权平均，得到拍摄的相机测光数据。例如尼康相机的中央部分测光占整个测光比例的75%，其他非中央部分逐渐延伸至边缘的测光数据占25%的比例。

　　在大多数拍摄情况下，中央重点测光是一种非常实用的测光模式。但是，如果拍摄的主体不在画面的中央，或者是在逆光条件下拍摄，中央重点测光就不适用了。对于中央亮度起决定性作用的拍摄场景，用这种方式测光比使用多区评价测光方式更容易控制效果。另外，对于将人物放在构图中心的旅游纪念照，这种测光模式也完全适用。

点测光

　　点测光模式可以避免光线复杂条件下或逆光状态下环境光源对主体测光的影响。点测光的范围是以数码单反相机取景器中央的小范围区域作为曝光基准点，大多数点测相机的测光区域为 1% 到 3%，相机根据这个较窄区域测得的光线作为曝光依据。

　　点测光是一种相当准确的测光方式，但对于初学者来说不太容易掌握。如何去选择一个测光点，便成了一个需要学习的技巧。错误的测光点所拍出来的照片会有严重的曝光误差。点测光只对很小的区域准确测光，区域外景物的明暗对测光无任何影响，所以测光精度很高。掌握这种测光方式，要求摄影者对所使用相机的点测特性有一定了解，懂得选定反射率为 18% 左右的测光点。

拍摄时，对亮度较高的火烈鸟主体进行点测光

光圈：f/8　曝光时间：1/640s
感光度：ISO100　焦距：50mm

局部测光

　　局部测光是以拍摄场景中部分区域的亮度为参考，以此来决定数码单反相机的曝光值。与中央重点测光不同的是，局部测光只参考局部测光的区域，而完全忽略拍摄场景中其他部分的亮度。通常，在拍摄场景中对超过 5% 的局部区域测光，被称为局部测光。这张在河北邯郸的石窟中拍摄的佛像，主要光源来自于顶部的射灯，而拍摄时完全不用考虑背景中不受光照部分的亮度，因此非常适合使用局部测光进行曝光。

平均测光

　　平均测光是一种早期的测光方式，也是一般数码单反相机中的默认测光模式。在使用平均测光时，相机的测光系统会测量整个拍摄场景的反射光线，然后加以平均，并得出曝光值。

如何正确测光

合理选择测光模式

在拍摄照片时，要想获得正确的曝光，就要合理选择测光模式。根据拍摄题材的不同，可以酌情使用平均测光、评价测光、中央重点测光和点测光。尤其对于亮、暗反差较大的拍摄题材，要优先使用中央重点测光与点测光。

正确选择测光区域

正确选择测光区域对于照片的正确曝光起着决定性的作用。在拍摄照片时，没有绝对的对与错，但是对于照片中的内容表达和主体描绘，正确的曝光起着促进作用。因此在拍摄照片时，首先要明确场景中要表现的主体，如风光照片中的云层，人像照片中的面部等主体，然后按照这些区域的权重进行测光。

变焦测光法

对于距离机位较远的主体进行测光时，例如早晨被第一缕阳光照亮的雪山等场景，主体可以在构图中只占1/3甚至更小的比例。在测光时如果使用变焦镜头，可以将镜头放在最长端，将测光主体充满取景画面，测得曝光值后恢复初始构图，按照先前的曝光数值进行拍摄。

代替测光法

如果镜头的焦距有限，又无法测得被摄体的光线情况，那么可以根据相机18%灰的测光原理，在同样的光照下用手背代替被摄体进行测光，以得出参考曝光值。

曝光补偿

在拍摄特殊光线的场景时，经常会遇到数码单反相机的自动测光模式无法呈现现场视觉感受的情况。人眼观察外界环境时有一个适应的过程，在拍摄场景中，对景物亮度的敏感度的调节是有限度的。而数码单反相机的测光原理，是以反射率18%的灰色为标准，并非完全与人眼看到的景物亮度一致。因此，在平均测光模式下拍摄这样的日落场景，天空和水面的效果会不尽如人意，但相机却认为这是个正确的结果。

使用平均测光拍摄，太阳的细节和水面质感欠佳
光圈：f/10 曝光时间：1/320s
感光度：ISO100 焦距：100mm

减少两挡曝光补偿（-2.0EV）后，主体细节完美呈现，同时强调了日落的气氛
光圈：f/10 曝光时间：1/320s
感光度：ISO100 焦距：100mm

相机与人不同，可以说它是没有审美感的机器，而人凭借视觉经验可以发现美感。遇到这种相机和人眼判断有差异的曝光情况，我们在拍摄时就可以借助数码单反相机"曝光补偿"的功能，在相机测光的基础上，快速进行曝光值的调整。当自动测光拍摄的照片过亮时，就要降低曝光值 -EV（也称减少曝光补偿或增加负补偿）；当自动测光拍摄的景物过暗时，就要增加曝光值 +EV（也称增加曝光补偿或增加正补偿）。

自动包围曝光

在复杂的光线环境下，对照片的曝光值难以抉择时，可以通过数码单反相机的自动包围曝光功能辅助进行拍摄。所谓包围曝光，就是相机会自动在测光的基础上，拍摄一系列曝光不同的照片。在拍摄这张四川九寨沟诺日朗瀑布的照片时，由于天空光照强烈，稍有不慎就会造成天空曝光过度，或瀑布曝光不足。由于逆光取景，摄影师在取景器中观察画面细节时难以决定曝光数值，强烈的光照下，在回放照片时也会影响液晶屏显示的效果。于是，摄影师选择开启"自动包围曝光"功能，在取景对焦后连续按下3次快门，自动获得亮（+1.0EV）、正常、暗（-1.0EV）3张曝光不同的照片，以便之后可以从中挑选曝光最满意的一张照片。

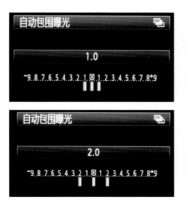

开启包围曝光功能，自动获得曝光不同的3张照片

第 5 章

功能操作：⋯⋯⋯⋯⋯⋯⋯⋯⋯⋯⋯⋯⋯⋯⋯

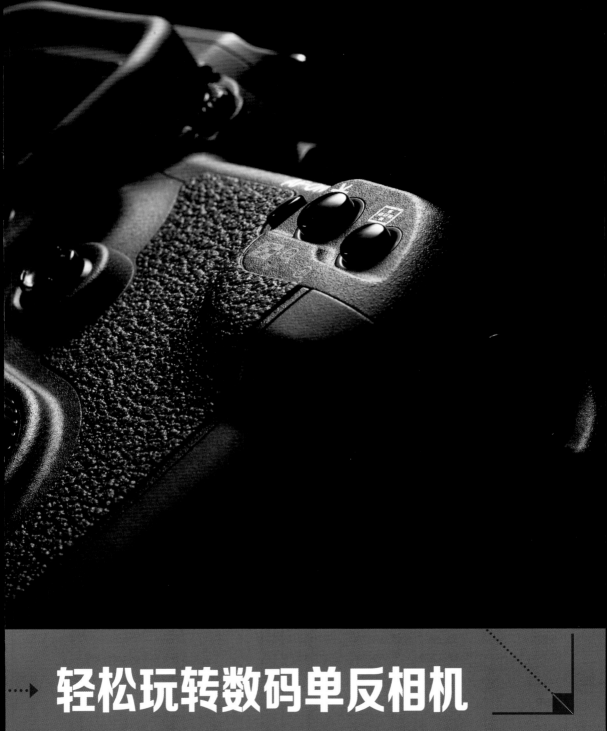

轻松玩转数码单反相机

拍摄前的准备

电池的安装和拆卸

　　单反相机电池的安装很简便，打开位于相机底部的电池槽，按标记的方向将电池推进去，随后盖上电池仓的盖子即可。

　　数码单反相机采用锂离子电池，它的记忆效应很微弱，摄影师可以根据需要随时进行充电操作。如果拍摄任务繁重或外出旅游，建议选购第二块电池，以备不时之需。原厂电池价格昂贵，如果囊中羞涩，完全可以选购口碑不错的国产品牌同规格电池。

数码单反相机的电池槽

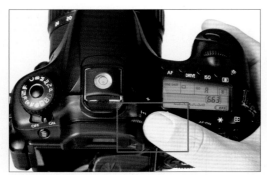

镜头取景器右侧有屈光度调节旋钮

屈光度调节

　　屈光度调节的功能在胶片时代就非常普及，这项功能贴心好用，通过旋转屈光度调节旋钮，可以使单反相机的取景器适应不同视力的影友取景使用。需要强调的是，屈光度调节功能的可调节范围有限，只能起到微调的效果。如果通过屈光度调节无法获得清晰的取景影像，您可能就需要去配眼镜了。

安全使用存储卡

　　在安装好电池，调节好屈光度后，还需要为单反相机安装存储卡。打开位于机身右侧的存储卡槽，以正确的方向插入存储卡，随后关上存储卡槽门即可。如果插入的方向有误，是无法插进去的，此时切勿使用蛮力。另外，为了保证照片的数据安全，影友们一定要切记，不可在相机运行时打开存储卡插槽，一定要在关机状态取放存储卡。

打开存储卡仓的数码单反相机

基本菜单设置

语言设置

数码单反相机为了适应世界上不同国家的影友使用，一般都设置了多种语言。在第一次拿到相机时，要对单反相机的界面语言进行正确的设定。

日期等基本设置

数码照片可以记录拍摄时间、技术数据等拍摄信息。为了在日后整理照片时更加有序，必须确保这些信息的正确。因此，第一次拿到数码单反相机时，一定要对相机的日期和时间进行正确的设定，以使数码照片记录下正确的拍摄信息。

节电设置

为了延长拍摄时间，使一块电池的续航能力更强，拍摄更多照片，相机一般都设定了自动"休眠"模式。经过一定时间的等待后，如果用户没有使用相机，它将进入"休眠"模式。我们可以将相机的休眠时间进行设定，时间越短，相机越省电。

照片命名原则设置

数码照片和传统胶片最大的区别就是它用数字信号的形式，将图片信息记录在一个个文件中。摄影师可以确定照片的命名规则。这些规则，无论是标准型抑或日期型，抑或其他的命名方法，都有其自身的特点，摄影师只要根据自己的使用习惯进行相应的设定就可以了。

照片回放查看时间设置

LCD液晶显示屏也是数码单反相机的耗电大户，为了尽可能地省电，我们可以对照片回放的显示时间进行设定。时间越短，相机越省电。

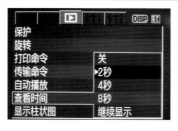

色彩空间设置

摄影师可以对数码单反拍摄照片的色彩空间进行设定。色彩空间是一个色彩模型所能表现的色彩的综合。色彩空间越大，所能呈现的细节也就越丰富。单反相机在色彩空间设定时一般都有两个选项，sRGB 和 ADOBERGB，sRGB 和 ADOBE RGB 两种色彩空间各有优势和特性。虽然 ADOBE RGB 比 sRGB 拥有更大的色彩范围，但现在的输出设备和显示设备往往不能将 ADOBE RGB 色彩空间中的色彩完全呈现出来。而且，使用 ADOBE RGB 模式拍摄的照片在常规显示器上还可能出现色彩的偏差。相比之下，sRGB 的通用性更好，从实际应用的角度上讲，选择 sRGB 更加实用。

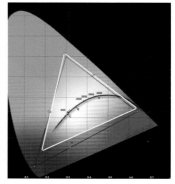

色彩空间示意图

速度和画质的双刃剑——ISO 感光度的设定

通常情况下，感光度的设定可以通过按钮和功能菜单两种途径实现，每款相机都有其特定的感光度范围，通常是从 ISO100~ISO1600。

摄影师在缺少三脚架的情况下，可以通过使用大光圈，同时提高感光度的方式，获得较快的曝光速度，以实现清晰的手持拍摄。

感光度并不能解决全部问题，高感光度的设定会降低照片画质。因此，感光度的设定是快门速度与画质的双刃剑，摄影师要在提高画质和提高快门速度这两者之间下做出选择。

笔者认为，快门速度通常要比画质重要。因为出色画质的前提是"清晰"，如果环境光线使摄影师无法获得安全快门，那么拍摄的照片即使没有噪点，也是模糊的废片。而有噪点但画面清晰的照片，却往往具有很高的使用价值。

用高感光度拍摄的模拟飞机座舱照片
光圈：f/5　曝光时间：1/13s　感光度：ISO1600　焦距：18mm

还原真实色彩——设置白平衡

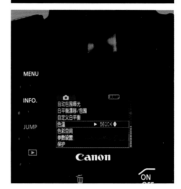

　　本书前面的章节已经详细阐述了白平衡和感光在摄影中的应用价值。在具体拍摄操作时，摄影师可以根据拍摄场景的光源进行有针对性的白平衡设定。在相机的白平衡设置菜单中，通常包括自动白平衡\日光\阴天\多云\钨丝灯\白炽灯\闪光灯等不同的选项，根据实际拍摄场景的灯光状态进行设定即可。

　　如果追求更加精确的白平衡设定，数码单反相机允许用户自定义白平衡。在拍摄场景中，用户只要找到一个白色的物体，对它进行拍摄，相机就会根据数据自动地校正白平衡。

　　除了白平衡的设定以外，一些相机也可以直接对色温进行设置。色温和白平衡的原理相同，只是换了一种表述形式而已。

　　很多情况下，摄影师会选择错误的白平衡，为照片增加某些色调。下图就是利用错误的白平衡，使画面呈现出蓝调的效果。

用冷色调表现酒吧里的洋酒

光圈：f/2.8　曝光时间：1/100s　感光度：ISO400　焦距：160mm

设置照片格式和画质风格

　　每次拍摄前，都要检查相机的功能菜单中的照片格式和画质设定是否正确。如果是重要的拍摄任务，建议使用 RAW 格式进行拍摄，为后期处理预留更多的空间。

　　为了方便摄影师预览照片，现今的数码相机还具有 RAW+JPEG 的设定方式，摄影师可以在拍摄一张照片时，同时获得 RAW 和 JPEG 两种影像文件，这项功能对相机的存储卡是个不小的考验。

　　当摄影师选择最常规的 JPEG 格式拍摄时，可以对 JPEG 格式照片的画质细节进行设定，可供选择的选项包括照片风格（风光、人像）、画面锐度、反差、色彩饱和度以及色调等若干项，摄影师应当根据拍摄题材的需要设定照片细节。

　　例如，风光照片需要更高的锐度和饱和度，而人像照片则可以在反差和色调上多做一些文章。

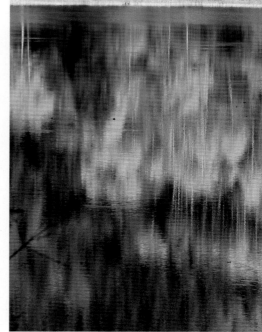

针对拍摄题材进行画质调整，就可以缔造一张画质优异的数码照片

光圈：f/6.3 曝光时间：1/80s 感光度：ISO100 焦距：70mm

设置驱动模式

使用三脚架结合自拍模式，拍摄合影

　　相机的驱动模式主要有 3 种，分别是：

　　1．单张拍摄；2．连拍；3．自拍。

　　不同的驱动模式对应不同的拍摄题材和需求。当我们和家人拍摄合影时，自然会选择自拍模式；而当我们拍摄运动题材或奔跑中的动物时，为了提高拍摄的成功率，往往需要使用连拍模式。驱动模式的调节可以通过功能菜单中的选择轻松实现。

使用连拍模式拍摄体育赛事

设置对焦模式

数码单反相机的对焦模式可以通过机身和功能菜单两种方式进行设定。通常情况下，有四种选项，分别是单次对焦、跟踪对焦、智能对焦和手动对焦。

单次对焦：每次半按快门时对拍摄对象进行对焦，对焦完成后，锁定对焦点。

智能对焦：数码单反相机通过自身的算法确定拍摄对象的动静情况，根据具体情况进行对焦操作。

微距镜头上的手动对焦环

跟踪对焦：针对对焦点选定的运动物体进行不间断的持续对焦操作，适用于拍摄动体。

手动对焦：数码单反相机放弃对焦操作，摄影师通过镜头上的对焦环的转动进行手动对焦操作，再根据取景器中的虚实变化确定是否合焦。

使用跟踪对焦模式拍摄运动的物体最为适宜
光圈：f/6.3 曝光时间：1/3200s 感光度：ISO200 焦距：200mm

选择测光模式

　　测光，是数码单反相机根据环境光状态测量合适曝光量的过程。只有通过测光才能使照片的拍摄获得正确的曝光。

　　测光模式的调整通常有两种方式：一种是从菜单中找到测光模式的设定选项来进行选择，另一种则是通过机身上的测光旋钮，选择合适的测光模式。

　　常见的测光模式有3种：

　　1.点测光

　　2.中央重点测光

　　3.平均测光

　　摄影师可根据拍摄场景的光线情况，选择适当的测光模式。关于测光和曝光的详细知识，本书在专门的章节中进行了系统的阐述。

　　本例中，摄影师使用点测光功能，对画面中心亮起的那盏红灯进行测光，使红灯的曝光正确。同时，由于背景没有发光体，也就暗了下来，营造了低调的画面效果。

　　在选择和使用测光模式时，摄影师要注意经常查看当前的测光模式，避免因为没有将上次的设定修改回来而影响拍摄照片的正确曝光。

利用点测光模式拍摄的酒吧小景

光圈：f/2.8 曝光时间：1/100s 感光度：ISO800 焦距：70mm

特殊功能设定

感光元件清洁功能

数码单反相机使用一段时间后，由于更换镜头时进入的灰尘附着在感光元件上，会造成画面中出现固定位置的污点。此时，可以对感光元件进行清洁。早期的数码单反相机需要选择清洁感光元件，然后通过物理的方法对感光元件进行清洁，而最新的数码单反相机往往具有自动清洁感光元件的功能。

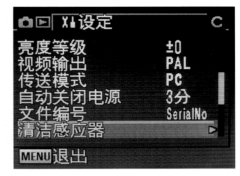

镜头暗角校正功能

所有的镜头都存在不同程度的暗角现象，这是镜头的光学设计所决定的，不可避免。不过，现在的数码单反相机已经具备了针对各款镜头的暗角校正功能，通过图像处理芯片对照片进行内部处理，从而最大程度地消除暗角。

固件升级功能

为了修正相机的一些功能上的缺失，厂商往往会在产品推出一段时间后，发布针对某些相机的固件升级程序。通过菜单中的设定，利用被拷入 CF 卡的固件升级程序，能够有效地对相机内部的固件进行升级。

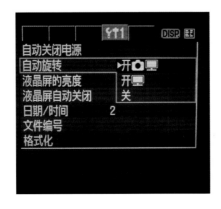

照片自动旋转功能

通过设定照片自动旋转功能，数码单反相机会对摄影师进行竖幅构图取景时拍摄的照片进行内部旋转，以减少用户在后期处理时的工作量。

成功的捷径：

第6章

玩转所有拍摄模式

为了让摄影师快速获得理想的拍摄效果，数码单反相机在设计时内置了多种曝光模式，一般包括全自动曝光模式、程序曝光模式、光圈优先曝光模式、快门优先曝光模式 和 M 挡手动曝光模式。在有些相机中，还内置了更加简单易用的人像模式、风景模式、夜景模式、夜景人像模式、运动模式、近摄模式等"情景曝光模式"。

掌控拍摄模式

掌控拍摄模式

通常，数码单反相机的顶部都设计了拍摄模式转盘，在模式转盘上标示出了各种拍摄模式。各大数码单反相机厂商的拍摄模式的图标可能会有一定的差异，具体可以参考相机附带的说明书。有些品牌或型号的数码单反相机，也将拍摄模式设计为液晶屏菜单显示。

全自动曝光模式

全自动曝光模式在相机的拍摄模式转盘上常以 "AUTO" 图标来表示，或者以一个绿色方块的图标来表示，因此也常被称为 "AUTO 模式" 或 "方块挡"。

全自动曝光模式是操作最简单的拍摄模式，选定此模式后，只需取景、对焦、按下快门即可拍摄照片。在全自动曝光模式下，数码单反相机会自动控制所有曝光方面的设置，包括光圈、快门、感光度和测光模式。除此之外，对焦模式、白平衡以及闪光灯开关也都由相机自动控制。摄影初学者使用全自动曝光模式时，不用了解过多的操作技巧，也可以拍摄出曝光准确的照片。但是对于想通过数码单反相机获得出众效果的摄影爱好者，全自动模式并不适合。

程序自动模式

程序自动曝光模式在相机的拍摄模式转盘上以字母"P"图标来表示。它是英文"Program Mode"的简称，因此也常被称为"P挡"。

在使用程序自动曝光模式拍摄时，数码单反相机会自动设置光圈和快门的数值，以适应拍摄环境的亮度。与全自动模式不同的是，程序自动模式会保留一些设定选项，让摄影师在拍摄时可以手动控制，例如相机的感光度、测光模式、白平衡选择和曝光补偿、闪光补偿等。此外，还可以在相机菜单中手动设定大量关于照片品质的选项。

程序自动曝光模式的操作特点

使用程序自动曝光模式拍摄，当半按快门按钮时，数码单反相机就会对拍摄场景测光，并在液晶屏中显示对于当前场景可以获得正确曝光的光圈和快门数值。这时，可以通过相机的拨轮或按钮，在保证当前曝光值不变的情况下，改变光圈和快门的组合，进而改变拍摄效果。例如半按快门时，相机给出光圈 F2.8、快门 1/800 秒，那么拨动拨轮就会得到 F3.5、快门 1/500 秒，并且两种组合的曝光值相同。

使用 P 挡程序自动曝光模式拍摄，将画面内容以静止的方式记录下来

光圈：f/4 曝光时间：1/800s 感光度：ISO200
焦距：200mm

使用 P 挡程序自动曝光模式测光，拨动拨轮，改变光圈和快门组合，将画面内容以动感的方式记录下来

光圈：f/8 曝光时间：1/200s 感光度：ISO200
焦距：200mm

快门优先曝光模式

快门优先自动曝光模式在相机的拍摄模式转盘上以字母"S"或"Tv"图标来表示，它是英文"Shutter Priority Auto Mode"的简称，因此也常被称为"S挡"。

使用快门优先曝光模式拍摄，拨动拨轮提高快门速度，就会将水流以静止的方式记录下来
光圈：f/4 曝光时间：1/500s 感光度：ISO100 焦距：35mm

快门优先曝光模式是在手动定义快门速度后，通过相机测光，并按照测得的曝光值自动根据快门速度来匹配光圈数值。快门优先曝光模式多用于拍摄运动的物体，在体育摄影中应用最为广泛，其次也用于拍摄水流、车流和人流等题材。在拍摄运动物体时，主体模糊大多都是因为快门的速度不够高。在这种情况下，可以使用快门优先模式，根据主体的运动速度和运动方向来决定快门速度，之后进行拍摄。物体的运动速度是有规律的，快门速度也可以通过规律估算出来。例如拍摄行人，快门速度在1/125秒就可以定格瞬间，而拍摄下落的水滴则需要1/1000秒。

对于拍摄水流成丝等慢快门的应用，则可以定义1/2秒甚至更低的快门速度。不过在光照充足时拍摄，光圈收缩到最小值之后，快门速度就无法继续降低，那么就需要通过一些滤镜进行减光。

使用快门优先曝光模式拍摄，拨动拨轮降低快门速度，将水流的运动过程记录下来。我们也称之为慢门法拍摄

光圈：f/32 曝光时间：1s 感光度：ISO100 焦距：60mm

光圈优先曝光模式

光圈优先自动曝光模式在相机的拍摄模式转盘上以字母 "A" 或 "Av" 图标来表示，它是英文 "Aperture Priority Mode" 的简称，因此也常被称为 "A挡"。

光圈优先曝光模式是在手动定义光圈大小后，通过相机测光，并按照测得的曝光值自动根据光圈大小来匹配快门速度。由于光圈的大小直接影响着景深，在数码单反摄影中，这种模式使用最为广泛。在拍摄人像题材时，我们一般采用大光圈和长焦距，获得较浅景深的效果，这样可以达到虚化背景、突出主体的作用。同时，较大的光圈也能得到较高的快门速度，从而保证手持拍摄的稳定。在拍摄风光题材的照片时，往往采用缩小光圈的方法，这样获得的景深范围较大，可以使远处和近处的景物都清晰。

使用光圈优先曝光模式拍摄，拨动拨轮缩小光圈，获得较大的景深范围，使照片中前后的栅栏都清晰
光圈：f/18
曝光时间：1/80s
感光度：ISO800
焦距：130mm

使用光圈优先曝光模式拍摄，拨动拨轮开大光圈，获得较浅的景深范围，对焦点在前景的栅栏上，背景栅栏产生虚化效果
光圈：f/2.8　曝光时间：1/4000s　感光度：ISO100　焦距：130mm

M 挡手动曝光模式

M 挡手动曝光模式在相机的拍摄模式转盘上以字母 "M" 图标来表示，它是英文 "Manual Mode" 的简称，因此也常被称为 "M 挡"。

使用手动曝光模式时，摄影师可以手动定义光圈大小和快门速度，用来获得不同曝光组合的效果。与快门优先和光圈优先不同的是，在使用手动曝光模式时，相机给出测光数据后，摄影师可以通过调整光圈大小和快门速度，获得不同的曝光值。

在光线复杂的拍摄场景中，通过相机的测光数据无法拍摄出曝光正确的照片。如果坚持按照相机的自动曝光拍摄，照片就会曝光过度或者曝光不足，例如在拍摄夜景和光线对比很大的场景时。

手动曝光模式的操作虽然比各种自动或半自动曝光模式显得复杂，但它可以更加自由地实现对光圈、快门的组合。在光线较为复杂的场景中，它有着不可替代的作用。对于拥有一定经验的摄影爱好者而言，手动曝光模式是值得花费精力去摸索和掌握的，它是适合表现摄影师个性的有效方式。

在拍摄夜景时，由于环境光线复杂，通过全自动或半自动曝光模式无法正常拍摄。这种情况下，可以参考自动测光的数值，使用 M 挡手动曝光模式，自定义设置光圈大小和快门速度进行拍摄

光圈：f/1.8 曝光时间：1/100s
感光度：ISO3200 焦距：50mm

在拍摄逆光剪影时，通过 M 挡手动曝光模式，来获得比正确曝光更低的曝光值，以实现曝光不足的抽象简约画面。

光圈：f/22 曝光时间：1/60s
感光度：ISO100 焦距：120mm

基本拍摄区

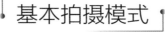

基本拍摄模式

　　在一些数码单反相机的模式转盘中，设计了一些象形的图标，这就是基本拍摄区。基本拍摄区中的拍摄模式是数码单反相机针对特定的拍摄场景或拍摄题材的特殊需求，预先设定好的全自动拍摄模式。基本拍摄模式也常被称为"情景模式"或"场景模式"，通常包括人像模式、风光模式、近摄模式、运动模式、夜景模式和夜景人像模式。

人像模式

　　人像模式在数码单反相机的模式转盘中通常以人物上半身肖像的简化图标来表示，也常被称为肖像模式。

　　刚接触数码单反相机的摄影爱好者对于光圈大小与快门速度的认识还有些含糊，这时就可以通过使用情景模式中对应的模式来进行拍摄，既可以获得成功的照片，又可以进一步了解相机的使用技巧。

　　对于拍摄人像照片而言，则可以使用人像模式来拍摄。在这个模式下，数码单反相机会尽可能开大镜头光圈，营造浅景深效果，并自动设定照片的色彩，让人像的肤色更加自然。

使用人像模式进行拍摄，背景产生虚化效果，人像皮肤色彩自然
光圈：f/2.8　曝光时间：1/250s　感光度：ISO100　焦距：150mm

风光模式

风光模式也称风景模式，在相机的拍摄模式转盘上以带白框的山形图标或者无白框的山形图标来表示。刚接触数码单反相机的摄影爱好者在拍摄风光题材时，希望将场景中所有的细节都清晰地记录下来，又不太了解光圈与景深的关系，那么使用风光模式拍摄和学习是最好的方法。每次在拍摄时，可以观察相机对拍摄场景的光圈和快门设定值，以此进行学习。

使用风光模式拍摄时，数码单反相机会尽可能缩小光圈，获得更大的景深，让照片从远到近都清晰

光圈：f/11 曝光时间：1/100s
感光度：ISO100 焦距：17mm

使用风光模式拍摄时，照片的色彩更加艳丽

光圈：f/10 曝光时间：1/125s 感光度：ISO100 焦距：80mmm

近摄模式

近摄模式也称微距模式，在相机的拍摄模式转盘上以白色的花朵形图标来表示。这种模式是专为近距离拍摄而设计的，使用时数码单反相机会开启相应的光圈，保证近摄主体清晰的同时，背景也能形成一定程度的虚化。同时，也会调整相机的测光模式，并自动决定是否使用闪光灯补光。一般镜头在镜筒上都会表示出最近对焦距离，这说明近摄能力并不取决于相机本身。如果在近摄时达不到良好的效果，可以参考以下两种方法：

1. 在拍摄时可以对焦的前提下尽量贴近拍摄主体，同时让背景与拍摄主体尽可能拉开距离。2. 使用有微距功能的镜头，并打开微距（Macro）开关，或者更换为专业的 1 ： 1 微距镜头配合微距模式拍摄。

由于拍摄角度问题，背景与红色花朵贴合紧密，主体没有得到很好的突出
光圈：f/4
曝光时间：1/200s
感光度：ISO100
焦距：70mm

使用专业的微距镜头，配合近摄模式，在构图时拉开蜜蜂主体与背景绿叶的距离，即可拍摄出蜜蜂清晰而背景虚化的效果
光圈：f/6.3 曝光时间：1/500s 感光度：ISO400 焦距：90mm

运动模式

运动模式在数码单反相机的拍摄模式转盘上，以奔跑状态的人形图标来表示。在使用运动模式时，相机会尽可能提高快门速度（同时也会提高感光度），以保证拍摄主体不会因为高速运动而产生模糊。同时，为了焦点能时刻对准拍摄主体，相机会启动连续跟踪对焦模式。即使被摄主体发生了前后的移动，相机也会自动调整焦距，保证主体的清晰。此外，在使用运动模式拍摄时，相机还会开启连拍功能，只要摄影师按住快门按钮不松开，相机就会对被摄物体进行连续拍摄，用多张照片的形式记录按下快门后的运动过程。至于连续拍摄的照片张数，要参考相机的使用说明书。

使用运动模式时，相机的焦点会锁定运动员。即使扣球动作让运动员向前产生了移动，焦点仍会自动跟随运动员，实时修正
光圈：f/4 曝光时间：1/640s
感光度：ISO400 焦距：120mm

使用运动模式拍摄时，相机会使用连拍模式。在连续拍摄的一系列照片中，可以挑选出运动状态表现力最强的一张。
光圈：f/3.5 曝光时间：1/500s 感光度：ISO100 焦距：160mm

夜景模式

　　夜景模式在数码单反相机的拍摄模式转盘上，以建筑物和月亮的图标来表示。有些相机上的关闭闪光灯模式图标，也是为夜景拍摄准备的。在使用夜景模式时，相机会自动关闭闪光灯，并且降低感光度，保证在长时间曝光的情况下降低照片的噪点。如果内置闪光灯已经弹起，大部分相机的闪光灯也不会自动闪光。在夜景模式下，由于光照不足，快门速度会很低，要配合三脚架进行拍摄。

使用夜景模式拍摄时，相机会关闭闪光灯，利用现场的环境光进行曝光
光圈：f/4　曝光时间：1/40s　感光度：ISO800　焦距：50mm

夜景人像模式

夜景人像模式在数码单反相机的拍摄模式转盘上，以星星或月亮与人形图标来表示。在使用夜景人像模式时，相机会根据拍摄场景中的光照情况，自动设置感光度，保证照片的曝光正确。当拍摄场景中光照极弱时，相机会自动开启闪光灯，同时降低快门速度。在使用闪光灯对人像补光的同时，使用较长的曝光时间，将较暗的夜景记录下来。

使用夜景人像模式拍摄时，相机会开启闪光灯，给人物主体补光，同时会使用较长的快门时间，让背景得到充足的曝光

光圈：f/1.8 曝光时间：1/125s 感光度：ISO1600 焦距：85mm

第 **7** 章

获得高品质照片的关键：

精确对焦技法

焦点与对焦

焦点的定义

本书前面的章节介绍了焦距与视角的关系，从这张原理图中，还可以看出焦点的定义。相机镜头拍摄图像的原理是将透过镜头的光线汇聚于一点进行成像，这一点称为焦点。光学原理中，焦点的位置就是感光元件的位置。

对焦是通过旋转对焦环，改变镜头与底片（或 CCD）之间的距离，使你要拍摄的对象的像清晰地呈现在底片（或 CCD）上。

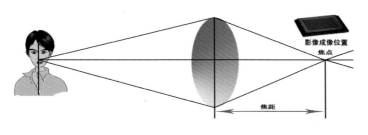

什么是对焦

摄影中的对焦是照片创作的必要步骤，它是指相机通过电子及机械装置，根据被摄物体的远近调节镜头内的透镜和感光元件的距离，使得拍摄对象能在感光元件上清晰成像的过程。对焦过程中，从取景器里可以看到，拍摄对象处于一个从模糊到清晰的过程中。对焦完成时的状态称为合焦。数码单反相机根据测量拍摄距离进行自动对焦的技术，是摄影术发展史上的一个里程碑。

数码单反相机的对焦屏

对焦点与焦点含义不同，在对焦操作时，被摄景物在取景器中所在的点称为对焦点。数码单反相机根据型号、档次的差异，拥有不同的对焦屏设计。影友们在拍摄照片时，可以根据构图的需要，在画面中选择切换对焦点。默认状态下，对焦点为画面中心点。

不同档次的相机，对焦点的数量、位置都不相同。一般而言，对焦点越多，相机性能越好，影友们在对焦时可选择的余地就越大。同理，对焦点在画面中的分布越广泛，覆盖取景器的范围越大，越靠近边缘，则相机的对焦性能越出色。

摄影师在拍摄对焦时，往往将对焦点设置在画面中主要拍摄对象的位置，使其能够清晰呈现在照片中。

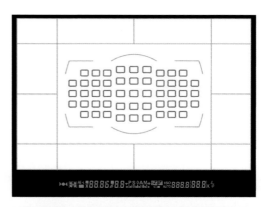

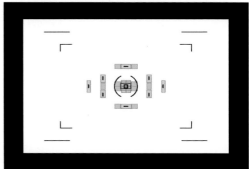

数码单反相机的对焦屏

数码单反相机先进的对焦系统

数码单反相机上的对焦功能键

盘点三种自动对焦机制

数码单反相机的对焦性能非常强大，这也是它相对于普通数码相机的重要性能优势。

追溯摄影术及数码相机的发展历史，各个厂家曾先后采用了多种对焦机制，完成自动对焦的操作。

数码相机的自动对焦有几种不同的形式，本书为您做一个简单的介绍：

CCD AF（对比检测法）

对比检测法是一种普及率高的对焦法，在消费级数码相机中被广泛应用。它的工作原理是：通过增加对焦点区域的亮度对比，寻找亮度对比最高的区域，最终将焦点锁定在该位置。这种对焦方法需要被摄物体拥有明显的反差，当被摄物体反差较低时，往往难以完成对焦。

主动式红外线检测法

主动式红外线检测法被少量数码相机采用，它以相机投射出的红外线作为发射信号，然后通过相机的感应器分析红外线的反射角度，得出拍摄物体的远近距离，完成对焦。

相位差测量法

这是一种被数码单反相机广泛采用的对焦方法。数码单反相机的 AF 检测装置测出实际焦点离正确位置的差距，然后对镜头进行调整和对焦操作。工作原理较复杂，精确度相比普通数码相机的对焦方法也要好很多。

数码单反相机的对焦系统

数码单反相机的对焦过程，其实就是通过调整镜头内部的内焦点，事实上是镜头内的部分透镜组和感光元件的距离来实现的。在对焦过程中，摄影师一般无法看到镜头的明显变化。实际上，镜头内的透镜组在对焦过程中一直在移动。数码单反相机的对焦，还依赖于相机内部的自动对焦传感器等多个机构，沟通工作才能完成。

自动对焦传感器

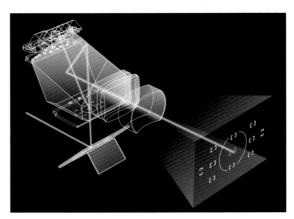

自动对焦传感器

手动对焦与自动对焦

手动对焦

除了广泛应用的自动对焦技术以外，自从摄影术诞生以来，手动对焦的操作和功能就一直沿用至今。

手动对焦是指摄影师通过转动镜头上固有的对焦环来实现对焦。而手动对焦过程中是否合焦，则依赖于人眼睛对对焦屏的影像的判别。在自动对焦技术发明以前，拍照者都是通过手动对焦的方式来完成摄影创作的。手动对焦功能至今也一直保留着，在拍摄一些特定题材，如花卉、昆虫等微距时，手动对焦仍然被广泛采用。可靠而稳定是手动对焦模式的优势所在。

手动对焦与自动对焦切换开关

红框内的位置是微距镜头手动对焦环

微距镜头使用手动对焦方式拍摄的昆虫

光圈：f/8　曝光时间：1/100s 感光度：ISO250 焦距：150mm

自动对焦

自动对焦的英文名为 Auto Focus，它是现今被广泛使用的对焦方式。自动对焦系统根据测量得出的距离信息驱动镜头完成对焦。自动对焦的优势非常明显：速度快，准确，便利；它的缺点则是具有一定的局限性，在弱光环境以及微距摄影领域，它的工作性能较差。

自动对焦技术依赖相机的多个单元共同工作，其中值得一提的是镜头内的超声波对焦马达，这种对焦马达诞生的时间并不长，但却具有明显的性能优势，主要体现在静音和速度两方面。静音使被摄对像受到的干扰减至最低，而高速度则确保自动对焦在面对体育摄影等需要高速对焦的拍摄题材时，仍然能够游刃有余地完成对焦的工作。

镜头中的自动对焦马达

最近对焦距离与对焦范围

最近对焦距离　需要开启微距模式的距离　无限远∞

超出对焦范围　　近摄范围　　一般拍摄范围

对焦范围示意图

拍摄花卉时，时摄影师需俯身贴近拍摄对象。当拍摄距离低于镜头的最近对焦距离时，镜头无法合焦

光圈：f/2.8 曝光时间：1/1000s 感光度：ISO100 焦距：60mm

最近对焦距离

镜头距离拍摄对象越近，则拍摄对象在画面中所占的面积越大。但是，在实践中影友们会发现，当拍摄对象与数码单反相机距离太近时，相机镜头无法完成对焦操作。

这是因为每款数码单反镜头都有一个独特的参数，那就是最近对焦距离。当拍摄距离小于此距离时，无论是使用自动对焦还是手动对焦，镜头都无法完成对焦操作。这种局限来自镜头的光学设计，是无法从技术上解决的。因此，也就诞生了拥有超短最近对焦距离的专用微距摄影镜头。

镜头能够清晰成像的最小工作距离，称为镜头的最近对焦距离。要特别强调的是，最近对焦距离是从感光元件的位置开始计算的。

对焦范围

对于镜头来说，只存在最近对焦距离的概念，而不存在最远对焦距离的概念。也就是说，从最近对焦距离到无限远的范围内，摄影师都可以完成对焦和拍摄。

尽管如此，在许多长焦镜头的镜身上，仍然可以找到设定对焦范围的开关，上面的标示往往是 1.4m 至无穷远、2.5m 至无穷远等。这些开关的作用是限定镜头对焦的工作范围，而这些对焦范围的区隔和设定，并不是说明镜头本身在对焦时存在问题，反而是为了提高不同工作距离下镜头对焦的速度和效率。例如，当拍摄远距离的对象时，将对焦范围设定得远一些，可以提高对焦的速度。

长焦镜头镜身上的的自动对焦范围选择机构

实战精确对焦术

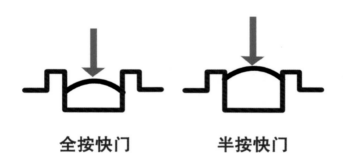

全按快门　　　　半按快门

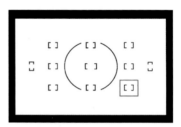

对焦屏

海滩的暮色以及礁石
光圈：f/8 曝光时间：1/200s 感光度：ISO200 焦距：24mm

对焦启动与选择对焦点

在实拍过程中，取景、对焦、构图（对焦和构图的顺序不确定），是摄影术中必不可少的几个步骤。

对于数码单反相机而言，对焦操作是通过快门传递的。当摄影师在画面中选好主体，并且在对焦屏中将对焦点的位置移动至拍摄对象时，半按下快门，相机立刻开始对焦操作。摄影师根据拍摄对象在画面中的位置来选择对焦点。这是对最常见的对焦方式。

本例中，摄影师对海滩的礁石对焦，也正是采用了这种方式。在完成对焦、设定好拍摄参数后，按下快门，一张数码照片就此拍摄完成。

使用跟踪对焦模式拍摄运动物体

跟踪对焦模式是针对运动的拍摄对象而设计的对焦模式。各个厂商对跟踪对焦模式的称呼各有不同，但功能都大同小异。在体育摄影和动物摄影中，拍摄对象在画面中不停地运动，拍摄对象和相机的距离也在不断地发生变化。为了使快门打开的那一刻，拍摄对象在画面中能够清晰呈现，宜选用跟踪对焦模式。这时，运动对象在取景器中的各个对焦点之间不断发生位置变化，而相机也对拍摄对象不停顿地进行对焦。摄影师可以感到镜头一直在对焦工作着，并随时可以按下快门完成拍摄。

自动对焦模式

人工智能AF

ONE SHOT AI FOCUS AI SERVO

在菜单中选择跟踪对焦模式

使用跟踪对焦模式拍摄飞鸟

光圈：f/5 曝光时间：1/6400s 感光度：ISO400 焦距：100mm

弱光环境下对焦点的选择

在弱光环境下进行自动对焦操作，往往会失效，弱光下的对焦性能，也是不同档次数码单反相机的重要性能差别之一。

弱光条件下出现对焦失效现象，是由于对焦过程中对焦系统往往利用对比检测的原理工作。通过放大对焦区域中反差大的位置来实现对焦，而弱光环境下静物的反差很小，对焦也就可能"失灵"了。档次越低的数码单反，这种现象出现的频率越高。

为了克服弱光下对焦性能减弱的难题，摄影师可以在画面中寻找一个反差大的位置作为对焦点，完成对焦操作。如果拍摄对象的反差实在太小，则可以在画面中寻找一个明暗反差大，且拍摄距离与原始拍摄距离相当的对象作为对焦的替代品。在对焦完成后，不松开半按快门的手，重新构图，完成拍摄。

红框区域是暗光下高反差的理想对焦位置

光圈：f/2.8 曝光时间：1/20s 感光度：ISO1600 焦距：28mm

利用可变换角度的 LCD 实时取景对焦

随着技术的进步，可翻转的 LCD 显示屏也逐渐应用到数码单反相机中。

这种 LCD 显示屏除了可以回放照片以外，还具有实时取景的功能，通过对显示屏的翻转，可以在极端角度完成创作。

在 LCD 实时取景的工作状态下，屏幕中会出现一个对焦点的矩形框。摄影师可以通过移动矩形框的位置来找寻画面主体拍摄对象。在对焦的过程完成后，也可以通过放大对焦区域的方式，来察看画面主体的清晰程度，以判断对焦是否精确。

可翻转的 LCD 显示屏

変革:

第8章

数码单反相机特有的拍摄技术

数码单反相机相比普通相机，拥有很多功能上的优势，例如丰富的手动功能和快捷按键、精准的对焦系统、先进的机身或镜头光学防抖功能、超长的电池续航能力以及可以生成高品质无损图片的 RAW 专业照片格式，并且秉承获得高画质的三低拍摄记录原则。

丰富的手动功能和快捷按键

　　数码单反相机在设计和制造上更加突出功能性和易用性，随着机型专业度的提高，机身上的快捷按键及拨轮通常也会增加。通过这些按键和拨轮可以在拍摄时快速对相机进行设定，及时对感光度、曝光、白平衡、对焦方式、测光方式和拍摄模式等数值进行快速设置，避免频繁通过液晶屏进入菜单进行设置，极大地提高了相机的快速捕捉能力，同时保证众多的功能设置可以在取景的同时，在眼睛不离开取景器的情况下完成。

_MG_6720.CR2

_MG_6722.CR2

IMG_9400.CR2

IMG_9403.CR2

使用 RAW 格式拍摄

　　数码单反相机不仅可以通过直接成像拍摄出高画质的照片，还可以保存未经机内程序处理的原始数据包，即 RAW 格式。RAW 文件是未经过处理而直接从 CCD 或 CMOS 上得到的信息，通过后期处理，摄影师能够最大限度地发挥自己的艺术才华。RAW 文件并没有白平衡设置，也就是说，摄影师可以任意地调整色温和白平衡，并且不会有图像质量的损失。除此之外，RAW 还拥有无损格式的特质，在后期处理时会另外生成调整设置文件，在获得效果的同时不改变文件本身。

精准的对焦系统

数码单反相机的"自动对焦"功能是一种通过电子及机械装置自动完成对被摄物对焦，并使影像清晰的功能。它利用物体光反射的原理，让反射的光被相机上的传感器接受，通过相机内置的计算芯片进行处理，带动电动对焦装置进行对焦。自动对焦最主要的特点是聚焦准确性高、操作方便，同时也有利于摄影师把精力更多地集中在所拍摄的画面上。最新的数码单反相机不仅对焦点数量多，可以自由选择单个或多个对焦点来满足构图需要，而且其最新的双十字对焦系统还可以提高对焦精度。

通过手动选择对焦点，可以合理安排画面构图，将焦点设置在画面的任意部位

光圈：f/4 曝光时间：1/500s 感光度：ISO200 焦距：180mm

精准的对焦对于微距拍摄极为重要，在保证速度的同时还要保证精确度

光圈：f/2.8 曝光时间：1/800s 感光度：ISO100 焦距：200mm

先进的机身或镜头光学防抖功能

初次接触数码单反相机的人可能会有这样的困惑：拍摄出来的照片不够清晰，常会发生重影或模糊的情况。除了相机未能正常对焦以外，大多是因为快门速度过低所致。数码单反相机的制造商为了提高相机拍摄的成功率，研发并应用了防抖技术。常见的防抖功能分别是光学防抖（也称镜头防抖）和感光元件防抖（也称机身防抖）。

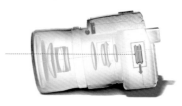

机身防抖

机身防抖的原理是将感光元件安置在一个可以上下左右移动的支架上，相机内置了陀螺传感器，随时检测是否有抖动。当传感器检测出抖动的方向、速度和移动量后，检测的信号经过处理，计算出足以抵消抖动的感光元件移动量。机身防抖技术的应用意味着，使用任何一款镜头都能在不增加成本的情况下享受防抖的功能。

镜头光学防抖

镜头光学防抖技术是用镜头内的陀螺仪侦测到微小的移动，并且将信号传至微处理器，立即计算需要补偿的位移量，然后通过补偿镜片组，根据镜头的抖动方向及位移量加以补偿，从而有效克服因相机的振动产生的影像模糊。例如佳能的 IS 系统，仅需要极短的时间就可完成 IS 镜片组的移动，所以效果非常好，通常能有效预防快门时间短于 1/60s 的抖动。具备光学防抖功能的镜头，一般在镜筒上都会有标识，例如佳能 28-300mm 1 ：3.5-5.6 L IS，其中"IS"便是佳能镜头的防抖标识。尼康镜头会有"VR"标识，例如 18-200mm f/3.5-5.6 G ED VR II。

防抖的功用

在使用焦距较长的镜头时，如70-200mm 或 200-400mm 的镜头，只要拍摄现场光照稍有不足，拍摄出的照片就会因抖动而产生模糊，并且这种照片模糊是任何后期处理都无法完全消除的。在应用了相机厂商开发的防抖功能后，可以最大程度地增加徒手拍摄的成功率。右边是弱光环境中使用长焦镜头，在关闭和开启防抖功能时拍摄的两张照片。

雪后的天气依然阴沉，拍摄现场的照度非常低。为了突出半掩在雪中的落叶，使用孔径较小的长焦镜头拍摄特写，但是手持拍摄根本无法保证画面清晰
光圈：f/5.6 曝光时间：1/50s 感光度：ISO200 焦距：300mm

在开启光学防抖功能后，将感光度由 ISO200 降低到 ISO100，这样可以得到更高的画质，同时快门时间会变得更短。由于开启了镜头防抖功能，在手持情况下，画面依然清晰
光圈：f/5.6 曝光时间：1/30s 感光度：ISO100 焦距：300mm

意想不到的三低原则

遵循低感光度、低反差和低饱和度的原则，拍摄出的照片就会
具有丰富的层次与细节
光圈：f/8 曝光时间：1/1250s 感光度：ISO100 焦距：16mm

使用数码单反相机拍摄照片后，如果将其与便携的卡片相机对比，经常会发现，数码单反相机的成像不仅清晰，而且层次丰富，色彩还原准确。这就是我们不得不提到的三低成像原则。我们知道，当拍摄一面飘扬的红色旗帜时，旗帜的褶皱是通过不同的明度和饱和度的红色来表现的。如果拍摄时大量提高饱和度，在获得鲜艳色彩的同时就会大量损失层次，让红旗变成了红色块。

两块电池打天下

在使用数码单反相机时，我们通常会采用光学取景的方式。这种设计不仅可以保证实时观察被摄物体的变化，同时比使用液晶屏取景的数码相机节省电力。使用先进技术制造的锂电池，具有优异的放电性能，相比传统的干电池更加耐用，相比镍氢、镍镉充电电池，具有无记忆性的特点。对于中端的数码单反相机，配备的电池可以保证一次充电即可拍摄 500 张左右的照片；配备两块电池，就可以完全满足一次旅行的拍摄。

第9章

自然的光影魔法：

摄影是光与影的艺术，为了更加深入地了解和学习数码单反摄影，就势必要对光线的奥秘进行探究。

摄影用光与色彩控制

　　常见的硬光是晴天时中午的顶光，这时光照强烈，被摄物体上都有浓重的阴影。对光线用"硬"来形容，我们可以理解为被摄体上有受光面、背光面和影子 3 部分，这是构成被摄体立体形态的组成部分。硬光的受光面和背光面之间的亮度等级相差较大，也就是景物亮度的反差大，可以造成明暗对比强烈的造型效果，适合表现粗糙表面的质感，使被摄体形成清晰的轮廓形态。这种光效可以达到"力"和"硬"的艺术效果。

硬光

在硬光条件下，景物明暗反差较大，适合抽象地表现轮廓和形态，可以看出照片中走动的人物投下了浓重的阴影，但这种光线条件不利于对景物细节进行呈现

光圈：f/8

曝光时间：1/320s

感光度：ISO100

焦距：28mm

软光

软光常见于多云的天气里。这时，虽然光照充足，光源的方向性却不明显，照射在被摄物体上，并不会产生浓重的阴影。软光照明由于光质柔和、没有明显的受光面和背光面，没有明显的影子，因此影调柔和。软光照明的面积较大，光线比较均匀，被照的景物的亮度比较接近，所以画面上表现出来的影调层次比较丰富。由于软光照明缺乏明暗反差，所以对被摄体的立体感和质感的表达也较弱。

软光的光质柔和，照片中的层次丰富，既没有过亮的高光部分，也没有极暗的阴影部分，适合表现甜美风格的人像

光圈：f/3.5
曝光时间：1/100s
感光度：ISO100
焦距：50mm

光圈：f/9　曝光时间：1/250s　感光度：ISO100　焦距：50mm

摄影中的光线

在了解了硬光和软光的特点后，对于摄影中的光线就会有更立体的认识。根据光源的特点，我们可以将光线分为直射光、反射光和漫反射光（也称散射光）。硬光的成像效果是直射光的强烈作用形成的，而软光的柔和效果通常是漫反射光造成的。

直射光照射建筑物后，右侧的直接受光面影调明亮，而左侧的非直接受光面产生了明显的阴影

直射光

在直射光的环境下拍摄，景物会被明显地区分为高光（房顶上的白色阁楼）、亮部（鹅黄色墙面）和阴影（左下方）三个部分。在曝光时，要确定拍摄主体，然后正确曝光

在室外晴朗的天气条件下，阳光直接照射到被摄物的受光面，产生明亮的影调，非直接受光面则形成明显的阴影，这种光线被称为直射光。点状光源发出的光均为直射光。直射光照射对象后能产生明显的阴影和明暗面，照射对象明暗对比会变得强烈，非常适合表现起伏不平的质感。

在下面这张建筑照片中，由于直射光的作用，中间的鹅黄色的房屋变得非常明亮；建筑上方的白色阁楼由于反射率较高，形成了高光部分；左侧的建筑，由于没有受到直射光的直接照射，大部分建筑处在黑暗的阴影中。

光圈：f/4.5　曝光时间：1/320s　感光度：ISO100　焦距：35mm

反射光

在自然界的光源中，强烈的直射光会使被摄物体反差过大，同时光照的角度和方向并不取决于摄影师，因此在拍摄照片时存在寻找光位的问题。当现场光线不能满足拍摄的需要时，摄影师可以不直接利用直射光，而是通过直射光照射在其他物体上的反射光进行拍摄。

在拍摄这张人像照片时，由于现场光线过于强烈，直射光会让模特脸部产生浓重的阴影，所以摄影师采用了反射光补光拍摄的方法，让助手使用金色的反光板，通过调整角度，将直射的太阳光反射到模特脸部的阴影部位，通过补光来降低照片的反差，尽量消除浓重的阴影。

当光线从被摄物体背面照射过来时，摄影师为了保证被摄物体正面的亮度，常常会使用反光板补光

光圈：f/9 曝光时间：1/640s 感光度：ISO100 焦距：16mm

由于反光板的金色面接近光滑的镜面，通过反射光拍摄的照片同样方向感强烈，模特的脸部受光也强烈。在这种情况下，如果不使用反射光来补光，强烈的直射光很可能造成"阴阳脸"的现象。

反射光还经常会用在影室摄影中，通过影室闪光灯和反光伞相配合，可以塑造出方向感强、影调硬朗的照片风格。

在使用反光板补光后，人像的正面亮度会提高，同时整张照片的光影也会更加立体

光圈：f/3.5 曝光时间：1/640s

感光度：ISO100 焦距：135mm

漫射光

当一束平行的入射光线照射到粗糙的表面时，表面会把光线向四面八方反射。所以，入射光线虽然互相平行，但由于各点的法线方向不一致，就会造成光线向不同的方向无规则地反射，这种反射被称为"漫反射"或"漫射"。这种反射的光称为漫射光。很多物体，如植物、墙壁、衣服等，其表面粗看起来似乎是平滑的，但用放大镜仔细观察，就会看到其表面是凹凸不平的，所以本来是平行的光线被这些表面反射后，弥漫地射向不同方向。

由于漫射光照射方向不统一，在漫射光下的被摄物体反差会很弱，不会产生强烈的明暗对比，因此我们也可以将漫射光理解为软光。

由于漫射光照射具有反差弱的特点，在拍摄时对于曝光的控制相比反差强烈的直射光要容易得多。在漫射光下，被摄物体不会出现明显的高光点或者极暗的阴影部位，在拍摄人像时也不会造成阴阳脸的现象，适合表现唯美的人像和儿童，不适合表现刚毅和坚强的形象。

在遮阳伞底下通过漫射光拍摄，被摄人物受光均匀，其皮肤质感和头发都能正确地呈现，对于描述细节非常有利
光圈：f/3.5　曝光时间：1/2000s　感光度：ISO100
焦距：28mm

由于漫射光的光线照射方向不统一，被摄物体没有明显的高光和阴影，从石刻大佛的照片中就可以看出
光圈：f/6.3　曝光时间：1/13s　感光度：ISO200
焦距：18mm

光线对色彩的影响

人眼看到的任何彩色光都是由色彩的三个特性的综合效果决定的,这三个特性就是色彩的三要素:明度、色相、饱和度。其中,明度表示色彩所具有的亮度和暗度;色相是由物体上的光反射到人眼视神经上所产生的感觉,例如红色、绿色和黄色等;饱和度是用数值表示的色彩的鲜艳或鲜明的程度。

使用不同的曝光值进行拍摄,得到的画面色彩完全不同,尤其是天空的蓝色调和纪念碑的暖色调

光圈:f/5.6 曝光时间:1/800s 感光度:ISO200 焦距:52mm(左)

光圈:f/5.6 曝光时间:1/125s 感光度:ISO200 焦距:52mm(右)

分析照片时,我们往往更关心色彩的鲜艳程度,也就是饱和度的高低。在不同光线条件下,经常会出现被摄物体的色彩属性发生变化的情况,例如直射光下被摄物体反光强烈,饱和度被削弱,而漫射光条件下被摄物体受光均匀,因而色彩艳丽。

柔和的光线可以让被摄物体的色彩完美地呈现出来,就像画面中的吊线木偶。除了一些强烈反光部分显得过亮,大部分细节和色彩都得到了正确还原

光圈:f/3.5 曝光时间:1/200s

感光度:ISO100 焦距:50mm

直射光使山体的上半部分亮度过高，同时饱和度下降，而下边部分的阴影中，色彩得到正确呈现
光圈：f/18 曝光时间：1/80s 感光度：ISO800 焦距：130mm

在拍摄日落的场景时，画面中逆光的景物都变成了剪影形态，而暖色调占据了大部分照片亮部。这时，如果增加曝光值，亮部的色彩就会像高光处一样被减淡
光圈：f/4 曝光时间：1/8000s 感光度：ISO100 焦距：105mm

光线的方向与特点

顺光

　　顺光是指从拍摄方向正面射向被摄物的光线，所以也称正面光。在顺光的照明下，被摄物的正面均匀受光，投影落在背后。这时，画面的明暗反差主要由被摄物本身的色调来决定。这种光线比较平淡。由于明暗反差小，影调层次显得不够丰富，不易表现景物的立体感和空间纵深感，对于物体表面的质感表现也有所欠缺。因此，在专业的摄影创作中一般把它作为辅助光，很少用它作被摄体照明的主要光源。但在摄影实践中，有时因环境条件或时间的限制，也避免不了要利用顺光拍摄，这就需要依靠一些手法来弥补顺光照明造成的影调平淡、立体感不突出、空间感不强的问题，尽可能地使画面的影调层次丰富。例如，这张照片就利用了水面反光来增加趣味点，以弥补顺光的不足。

使用顺光拍摄，景物的细节可以得到
完美的呈现，但画面的明暗反差较弱，
缺乏强烈的光影对比和立体感

光圈：f/8 曝光时间：1/320s
感光度：ISO100 焦距：70mm

由于采用侧光拍摄，人脸转向阳光的一面被照亮，而另一面产生了浓重的阴影，进而凸显了脸颊的立体感

光圈：f/1.8 曝光时间：1/2000s 感光度：ISO100 焦距：85mm

侧光

　　从侧面照射在被拍摄物体上的光线（即光线来自景物左侧或右侧，同景物、照相机呈 90 度左右的水平角度）称为侧光。这种光线能产生明显的强弱对比，影子修长而富有表现力，表面结构十分明显，每一个细小的隆起处都产生了明显的影子。采用侧光拍摄，可获得较强烈的造型效果。人物摄影中，也往往用侧光来表现人物的特定情绪。有时也把侧光用作装饰光，突出表现画面的某一局部。

　　采用侧光拍摄时，由于画面明暗反差较大，在曝光前测光时要考虑受光面与阴影部分细节的取舍，保证画面主体部分的正确曝光。

逆光

逆光是指被摄物体处于光源和照相机之间的情况，这种情况极易造成被摄主体曝光不充分。在一般情况下，摄影师应尽量避免在逆光条件下拍摄，但有时逆光会产生特殊效果，也不失为一种艺术摄影的表现手法。

被摄主体恰好处于光源和照相机之间，所以就产生了背景亮度高于被摄物体的状况。由于背景在画面中所占的比例要大于被摄物体，所以数码单反相机的自动曝光检测程序会让照相机按照背景的光线状况曝光，使得被摄主体曝光不足。

在逆光条件下，如果被摄主体距离照相机不远，摄影师可以打开闪光灯来增加被摄物体的亮度；如果主体与照相机的距离超过了闪光灯的有效范围，可以采用在自动测光基础上增加曝光补偿的方法拍摄。

在逆光情况下拍摄人像时，可以让头发巧妙地形成轮廓光，但同时要为面部补光，或者在拍摄时合理增加曝光补偿

光圈：f/4 曝光时间：1/100s 感光度：ISO100 焦距：50mm

侧逆光

侧逆光也称反侧光或后侧光，是指光线投射方向与数码单反相机拍摄方向大约呈水平 135 度时的照明。侧逆光照明的景物，大部分处在阴影之中，景物被照明的一侧往往有一条亮轮廓，能较好地表现景物的轮廓和立体感。在外景摄影中，这种照明能较好地表现大气透视效果。利用侧逆光进行人物近景和特写拍摄时，一般要对人物做辅助照明，以免脸部太暗。但对辅助照明光线的亮度要加以控制，以免因过亮而影响侧逆光的自然照明效果。

侧逆光会带来强烈的立体感，在表现人像时，需要对正面进行小范围的补光

光圈：f/2.2　曝光时间：1/100s　感光度：ISO100　焦距：50mm

顶光

顶光是来自被摄物体顶部的光线，与景物、照相机呈 90 度左右的垂直角度。在自然环境中，正午会出现顶光的照射情况。人物在这种光线下，其头顶、前额、鼻头很亮，下眼窝、两腮和鼻子下面完全处于阴影之中，造成一种反常、奇特的形态。因此，一般都避免使用这种光线拍摄人物。顶光拍摄风光照片时，容易造成正面阴影浓重的问题。同时景物反光严重，会造成色彩黯淡的现象。

光线反差

在不同的光线条件下，拍摄的照片会出现不同程度的亮暗差异，我们称之为光线的反差。照片的反差由拍摄时的光源决定，在了解和掌握光线与反差的关系后，我们可以在拍摄中更加熟练地运用光影来创作。

反差是指景物或影像中各部分明暗对比的差异程度，它分为景物反差和影像反差两种。景物反差是指景物中最大亮度与最小亮度之比或对数差，而影像反差是指影像中最大密度与最小密度之差。反差是考核一幅高质量的摄影作品的基本条件。

正午的直射光带来强烈的亮暗对比，受光的花朵亮度很高，而不受光的背景则是一片黑暗。利用这种反差对比可以很好地突出花朵主体
光圈：f/6.3 曝光时间：1/200s 感光度：ISO100 焦距：90mm

在了解了光线的特质后，我们知道直射光照射被摄物体后，会形成强烈的受光面和浓重的阴影，同时非受光面的亮度会非常低，这就是高反差的表现。高反差影像在亮和暗之间仅有很少的中间影调，甚至没有中间影调。这样的影像轮廓分明，画面看起来比较硬朗。不过，在拍摄时要注意对主体进行测光，或者曝光时考虑到主体的曝光情况。在漫射光的环境下拍摄时，照片中的亮暗差异会比较弱，反差相对较小，影调也相对柔和，曝光控制也相对简单。

在漫射光的照射下，花朵和背景的反差相对较弱，影调极为柔和
光圈：f/4 曝光时间：1/125s 感光度：ISO100 焦距：90mm

色彩构成

摄影中的色彩构成是指拍摄场景中色彩的相互作用。它从人对色彩的知觉和心理效果出发，把拍摄场景中复杂的色彩现象还原为基本要素，利用色彩在空间中、量与质上的可变幻性，按照一定的规律去组合各构成要素之间的关系，再创造出新的色彩效果。色彩的美能给人精神、心理方面的享受。

日落时分拍摄的暖红色夕阳下的杭州西湖
光圈：f/2.8 曝光时间：1/80s 感光度：ISO800 焦距：24mm

红色系

在中国古代，许多宫殿和庙宇的墙壁都是红色的，官邸、服饰多以大红为主，即所谓"朱门""朱衣"；在中国的传统文化中，五行中的火所对应的颜色就是红色。由于红色容易引起人们的注意，许多警告标识都用红色的文字或图像来表示。红色还代表着吉祥、喜气、热烈、奔放、激情和斗志。

黄色系

　　黄色是所有色相中明度最高的，它给人以轻快、透明、活泼、光明、辉煌、希望和健康的印象。黄色过于明亮而显得刺眼，并且与其他色相混合时极易失去其原貌，因而也有轻薄、不稳定、变化无常和冷淡等不良含义。含白的淡黄色令人感觉平和、温柔，含大量淡灰的米色是休闲自然色，深黄色则另有一种高贵、庄严感。由于黄色极易使人想起许多水果的表皮，所以它能引起酸性的食欲感。

逆光拍摄的黄色系花朵，给人以轻快和活泼的感觉

光圈：f/3.5　曝光时间：1/640s 感光度：ISO100 焦距：90mm

绿色系

　　在大自然中，除了天空和江河、海洋，绿色所占的面积最大。比如草、树等绿色植物，几乎到处可见。绿色象征生命、青春、和平、安详和新鲜等。黄绿带给人们春天的气息，颇受儿童及年轻人的欢迎。蓝绿、深绿是海洋、森林的颜色，有着深远、稳重、沉着和睿智等含义。

拍摄绿色系的荷叶与荷塘，画面显得生机勃勃
光圈：f/8 曝光时间：1/50s 感光度：ISO400 焦距：53mm

蓝色系

　　蓝色具有沉静、冷淡、理智、高深和透明等含义。随着人类对太空的不断开发，它又有了象征高科技的强烈现代感。浅蓝色系明朗而富有青春气息，为年轻人所钟爱，但也有不够成熟的感觉。深蓝色系沉着而稳定，是中年人普遍喜爱的色彩。蓝色也有其另一面的性格，如刻板、冷漠、悲哀和恐惧等。

拍摄蓝色系的水塘，给人以生机勃勃和沉稳的视觉感受

光圈：f/6.3 曝光时间：1/200s 感光度：ISO100 焦距：24mm

黑色系

　　黑色是无色相、无纯度的颜色，它给人沉静、神秘、严肃、庄重和含蓄的感觉。同时，也容易让人产生悲哀、不祥、沉默、消亡和罪恶等消极情感。黑色如果大面积使用，会产生压抑、阴沉的恐怖感。

在强烈的侧光照射下，画面被大面积的黑色充斥，无形中增添了神秘感
光圈：f/5.6 曝光时间：1/640s
感光度：ISO100 焦距：300mm

白色系

　　白色给人洁净、纯真、清白、朴素、卫生和恬静等感觉。在它的衬托下，其他色彩会显得更鲜丽、更明朗。多用白色还可能产生平淡无味的单调、空虚之感。

　　因为白色可以反射所有光，所以夏天适合穿白色或浅色衣服。白色还是光明的象征。白色象征明亮、干净、畅快、朴素、雅致与贞洁。白色没有强烈的个性，不能引起味觉的联想，但拍摄引起食欲的照片，不应没有白色，因为它表示清洁可口。只是单一的白色不会引起食欲而已。

　　在拍摄人像题材的照片时，可以通过服装、背景选择和高调拍摄方法，让最终结果倾向于白色系，这样会给观赏者留下清纯、阳光和可爱的印象。

合理的布置营造出白色系的效果，让器皿显得明朗而洁净
光圈：f/2.8 曝光时间：1/30s
感光度：ISO100 焦距：50mm

色彩组合

互补色

　　提到彩虹的颜色，我们常会想到赤、橙、黄、绿、青、蓝、紫。我们将彩虹的颜色组合成轮状，便形成了色轮。色轮选用红、绿、蓝三种颜色作为基色，并以等距离排布在同一圆周上，在每两种基色之间又排布了深浅不同的过渡色调。色轮中两种颜色之间的夹角在150~180度范围内时，这两种颜色为互补色。如果将互补色并列在一起，则互补的两种颜色对比最强烈、最醒目、最鲜明。这里的海景照片中，采用了日落后的晚霞与海面的红、蓝色对比方法。

利用晚霞的红色与海面的蓝色这两种互补色对比构图，画面对比强烈
光圈：f/9 曝光时间：1/200s 感光度：ISO400 焦距：70mm

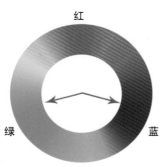

邻近色

　　在色轮中，我们将邻近的色彩称为邻近色或相邻色。邻近色之间往往是你中有我，我中有你。虽然它们在色相上有很大差别，但在视觉上却比较接近。在色轮中，凡在60度范围之内的颜色都属于邻近色。邻近色会带给观赏者稳定、温和的视觉感受，但也容易让照片显得呆板。运用邻近色进行构图拍摄时，要同时注重光线的运用，这样才能让照片显现出更多的层次。

使用绿色、蓝色和紫色这三个邻近色构图，画面显得温和平稳
光圈：f/4　曝光时间：1/13s　感光度：ISO100　焦距：24mm

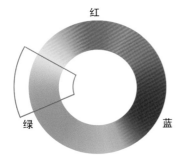

红

绿　　蓝

暖色系在画面中大量充斥，会给观赏者温暖的感觉
光圈：f/11　曝光时间：1/300s　感光度：ISO100　焦距：60mm

暖色系

由太阳颜色衍生出来的颜色，例如红色、黄色，给人以温暖柔和的感觉。红色和明亮的黄色调成的橙色，给人活泼、愉快、兴奋和热情的感受。在拍摄照片时，日出和日落时分的暖色调非常强烈，在此时拍摄的照片，通常会给观赏者带来温暖的视觉感受。在构图时，也可以选择色轮中黄色与紫色之间的颜色并加以组合。

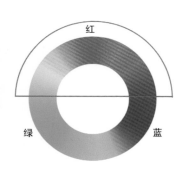

冷色系

　　冷色系让人联想到冬天的色彩、
洁白的雪花、漆黑的夜幕，等等。冷色
系代表着个性、冷峻、坚强、自信和知
性，常见的代表色是蓝色。冷色系可以
使人处于一种比较安静的状态，可以
抚平情绪。在阴天、雨雪天或者夜晚
常常可以拍摄到冷色系的照片。白天，
如果完全处在直射光照射不到的阴影
环境中，也可以拍摄到冷色系的照片，
例如，密不透光的树林中流淌的溪水。

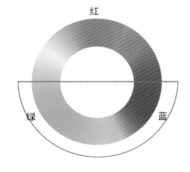

使用大量的冷色系会让画面显得低沉，非常适合表现冬天的魅力
光圈：f/8 曝光时间：1/50s 感光度：ISO100 焦距：80mm

多云天气中，天空的表现力较强
光圈：f/5.6　曝光时间：1/8000s
感光度：ISO1600 焦距：400mm

把握天气与光线

在多云中寻求突破

　　常见的影响摄影效果的天气与天色有晴天、阴天、多云、雨天和雪天，在这些天气中都可以拍摄出有特色的摄影作品。其中，多云的天气里最容易出现曼妙或奇异的光影。云层由于薄厚不同或者形态不同，在照片中的天空部分可以起到点缀画面的作用，有时在云层较薄处会出现奇异的线性投射光，看上去犹如仙人下凡。在日落时分，云层的边缘会被暖色调的阳光照亮，有时会形成烟雾效果，有时会形成亮色的金边，这些都是光线使用上的突破。在拍摄左侧这张照片时，摄影师借助枯萎的树干、飞翔的鸟儿和天空中浓重的云层，以及日落时分的光照效果，烘托出一种末日到来的环境气氛。下方这张照片拍摄的是傍晚时分的云层和远山，其中右侧以几株快要枯萎的树木进行点缀。这里，借助云层中投射出的光线形成了画面的亮点，与天空中浓重的云层和地面的山峦形成对比。

抓住夕阳西下前的黄金时段，结合云层进行拍摄
光圈：f/8 曝光时间：1/250s 感光度：ISO200 焦距：154mm

雾气中寻求突破

　　雾天中的大气透视特点，结合多变的光影组合和自然界的光影反差，为摄影创作提供了诸多有利条件。可以说，摄影师不仅要是一个技术能手，还要是一个气象专家。雾气在空气中形成了许多悬浮的颗粒，让光线不能完全地穿透，在拍摄照片时就会影响画面的清晰度。尤其是拍摄距离相机较远的画面主体，或者使用焦距较长的镜头时，照片会因为画面反差较小而显得灰暗。不过，并不是说雾天就一无是处，雾气营造的透视关系，经过摄影师的巧妙运用，可以在照片中形成虚实对比的关系，距离相机近的

雾气下的湖边显得格外宁静，摄影师通过改变白平衡设置来强化这种效果
光圈：f/3.2 曝光时间：1/2000s 感光度：ISO400 焦距：145mm

景物在照片中显得清晰，而远离相机的景物则由于大气透视的原因而变得模糊。下面这张照片拍摄于日落时分的川西乡村，光线照亮了山中的雾气，为照片渲染出生机勃勃的气氛，同时让阴影部分的景物获得了一定的光照度。

傍晚时分的阳光结合山中的雾气，形成了一种幻境般的效果
光圈：f/5 曝光时间：1/320s 感光度：ISO200 焦距：150mm

特殊光线的使用

透光和镶边效果

　　这张照片拍摄于一片芦苇荡，日落前的暖色调直射光照透一束束芦苇的边缘，同时大量的漫射光为芦苇的正面和地面的其他高光景物起到了补光作用，于是形成了这种透光的镶边效果。拍摄这种效果主要考验了摄影师使用逆光的技巧，此外就是场景的曝光控制技巧。在面对逆光环境时，可以让被摄主体获得最佳的光照效果，并且调节相机，获得精准的曝光数值。

逆光拍摄芦苇时，形成了奇特的镶边透光效果

光圈：f/5.3 曝光时间：1/500s 感光度：ISO400 焦距：270mm

日照金山奇异光

　　下方这张照片在拍摄时，摄影师刻意营造出一种衬托明亮山体的黑暗前景效果。我们通常将这种形态明显但没有影调细节的黑影像称为剪影，剪影画面的形象表现力取决于形象动作是否具有鲜明轮廓。在这张照片拍摄前，摄影师预先判断出群山中的最高峰，之后使用三脚架架设相机，等待日落时分的光线。待到合适的光线形成时，将测光模式改为点测光，根据山体受光面的中间亮度区域测光并拍摄。

太阳下山前，通常会照亮山的顶峰
光圈：f/5 曝光时间：1/80s 感光度：ISO100 焦距：75mm

绚烂射线光

在一些特殊的天气中，经常可以看到云间一缕或多缕阳光以光柱的形式投射到地面及其他景物上。能完美地捕捉到这种景象的照片也会非常精彩，这种画面带给人一种阳光和生机。拍摄这种射线光时，有多种技巧可以参考。其中，对肉眼已经看到的极为明显的射线光，只要使用恰当的曝光和构图，让明亮的光线有较暗的背景进行衬托即可。另一种就是在逆光的环境中，使用拍摄技巧营造这种光线，这就需要对相机进行一些设置，并且适当移动拍摄的角度。当使用较强的逆光拍摄时，使用前景对主光源进行一些遮挡，就会出现射线光的形态。

缩小光圈拍摄太阳时，可以获得射线般的效果

光圈：f/16 曝光时间：1/125s 感光度：ISO100 焦距：92mm

同时将单反相机设定为光圈优先模式，在保证快门速度满足手持拍摄（或者使用三脚架）情况下，尽可能缩小光圈（F 值尽量大）。这样，原本被部分遮挡的光线就会出现强烈的射线状效果。

尽量不要直接拍摄太阳，以免烧毁相机芯片和灼伤眼睛。构图时可以适当纳入光线

光圈：f/22 曝光时间：1/400s 感光度：ISO100 焦距：86mm

多角度水面的反光

　　水面的反光率相比地面或其他景物更高，因此，无论在白天还是日落时分，水面都会在照片中更加明显。根据这一特点，就可以拍摄到有对比的画面。这张在海边滩涂拍摄的日落照片中，摄影师寻找到逆光的光位，并且以滩涂和礁石较多的海岸为前景，等待日落时分进行取景和拍摄，牺牲地面景物的细节，将水面反光作为主体进行表现。

只要找对角度，水面可以当作天空的一面镜子
光圈：f/6.5 曝光时间：1/2000 感光度：ISO100 焦距：190mm

光照与倒影

　　当倒映在水中的山石和树木受到的光照较强，而产生镜面反光的水面受到的光照较弱时，就会形成清晰的映像效果。这张照片在拍摄时，摄影师在池水的岸边，将高光的山峦以倒影的形式融合在水潭中，并以水潭中的怪石和植物作为前景来映衬。没有将天空和山体部分纳入到取景中，是因为这部分的光照强度较高，超出了数码单反相机感光元件的动态单位（从亮部到暗部的记录能力）。如果扩大取景范围，就会在照片中出现曝光过度。因此，在拍摄倒影照片时要考虑光照的情况，并进行合理构图。

拍摄倒影时，尽量寻找处于非受光面的水面，这样影子才会更加清晰
光圈：f/4.5 曝光时间：1/80 感光度：ISO100 焦距：12mm

清晨时，利用逆光的光位和长焦镜头拍摄波光粼粼的效果
光圈：f/236 曝光时间：1/160s 感光度：ISO200 焦距：105mm

光线与情感

　　右边这张在北京颐和园中，借助柔和的漫射光拍摄的暮色美景照片，会带给人一种舒缓的感觉，这主要是光线使用得当的结果。我们在拍摄数码照片时，不仅要关注光圈、快门、感光度、白平衡等参数，更重要的是对场景内容进行分析，对景物表达的方法进行研究。对于光线的使用，要在掌握其基本规律的基础上，了解更多的使用案例和技巧，并且根据拍摄案例进行尝试和探索。这张照片主要把握了夕阳的倒影，以及夕阳对冰面和水面的渐变染色效果，同时对于右侧暗部的亭台和船只，将本体与倒影进行衬托。下方这张照片，利用清晨的光线拍摄山中的村庄，通过柔和的影调带给人安逸祥和的感受。

冬季未结冰的湖水中映出了夕阳长长的影子
光圈：f/5.6 曝光时间：1/200s 感光度：ISO200 焦距：108mm

村庄中的日出，大地从晨光中苏醒
光圈：f/16 曝光时间：1/30s 感光度：ISO200 焦距：130mm

利用闪光灯调整光线

在白天拍摄照片时，为了改善场景中的光比，突出或削弱场景中的某些元素，可以使用外置的较大功率闪光灯来配合照片的拍摄。不要单纯地认为，闪光灯只是在夜里或室内拍摄照片时用来补光的。实际上，闪光灯在室外拍摄中一样可以发挥强大的作用。这是一张在安徽油菜花田拍摄的照片。摄影师为了突出前景的一株油菜花，并同时压暗天空亮度，采用相机机身无线引闪闪光灯，对其进行局部补光，得到了这张天空阴暗而主体明亮的高反差画面。无线引闪要求相机和闪光灯都支持该功能，有些型号较旧的相机不支持此功能。但是可以购买便宜的闪光灯离机线，将相机机顶的热靴与闪光灯下方的热靴接口连接起来，让单反相机通过有线连接的方式控制闪光灯，这样就可以让人造光线从侧面或者侧后方照亮拍摄主体，借此营造出特殊的光照效果。

利用闪光灯，可以提高画面中局部的亮度，进而降低整体的曝光值，让天空中的云层细节更加丰富。拍摄时，摄影师提高闪光灯的输出量，并且降低相机的曝光补偿

光圈：f/13　曝光时间：1/200s　感光度：ISO100　焦距：24mm

利用闪光灯离机线或者带有闪光触发功能的闪光灯，可以通过离机闪光的方式改造环境光

室外灯光的塑造

夜晚，灯光接替了太阳的工作，世界呈现出它的另一面
光圈：f/11　曝光时间：1/3s　感光度：ISO100　焦距：70mm

在夜晚时分，城市中室外的人造光源非常丰富，如果加以合理利用，可以拍摄出五光十色的精彩摄影作品。在户外，常见的光源有：街头的路灯、霓虹灯广告牌、商店橱窗中的灯光、汽车的大灯、工地的探照灯等。这里，摄影师在拍摄夜晚的运动场时，看到了一片灯火通明的景象，高大的照明灯在昏暗的夜空中形成伞状的三角形射线光。在拍摄前，先使用点测光功能，针对赛场上的绿色草坪进行测光，之后调整构图，收纳赛场四周的逆光场景，对拍摄主画面形成包围之势，强调画面视觉集中性。

室内灯光的塑造

很多室内功能性房间或者厅堂都有着精密的灯光布局，气势和规模远远超过一般摄影师所能布置的影室灯。因此在拍摄时，如果善于使用场景或房间内的现场光，往往可以带来意想不到的收获。这张在国家大剧院拍摄的室内照片中，摄影师为表现星星点点的灯光，使用三脚架架设相机，并且将光圈缩至最小，拍摄出灯光的星芒效果。

在室内拍摄时，通过缩小光圈或星光镜，可以让光源更加夺目
光圈：f/16　曝光时间：15s　感光度：ISO100　焦距：12mm

光影表现物体的结构和颜色

　　由于漫射照明下，景物没有明显的阴影和高光，对于刚入门的摄影爱好者来讲，漫射光更容易掌握。但是，要想获得更加精彩的造型效果，就要依靠可以产生明显高光和阴影的直射光进行辅助，这同时也考验着摄影师的用光经验。直射光被物体遮挡后，就会在遮挡物的背面形成强烈的阴影。巧妙使用阴影可以在照片中增加兴趣点，并且可以扩展被摄物的结构特征，甚至可以抽象地描绘景物。右侧，在拍摄花丛中的蜘蛛网时，摄影师利用早晨的光线将其照亮，之后，通过在自动测光基础上适当降低曝光补偿，让背景的花丛曝光度降低，这样就可以通过明暗对比来突出蛛丝的结构，同时利用花丛中的花朵和叶片虚化后的形态来衬托蛛丝。下方这幅照片中，为了描绘建筑的结构和形态，摄影师在取景时有意纳入了室内右侧受光较少的部分，在曝光时以左侧结构为基准，利用明暗对比突出建筑的结构特征。

集中展现蜘蛛网的局部，可以展现出渐进的结构
光圈：f/5.6 曝光时间：1/800s 感光度：ISO200 焦距：400mm

使用广角镜头拍摄的国家大剧院内部，强化建筑的形式感
光圈：f/9 曝光时间：1/160s 感光度：ISO100 焦距：12mm

色温带来的特殊影调

　　利用色温的辅助进行摄影创作，是数码单反相机的一大优势。要在照片中产生色彩对比，除了拍摄题材本身的色彩外，最常用的就是使用不同光照环境下的色温对比。例如，日出时分的太阳附近呈现出暖色调，而未被直接照射的天空云层以及地面的阴影处会呈现为冷蓝色调。在我国北方的冬季拍摄雪景时，清晨与傍晚时分的太阳色彩温暖，而雪景的阴影处会反射天空的蓝色调。如果一张照片中包含这些景物，那么依靠天然色温的染色效果，可以令照片风光多彩。左侧这张照片拍摄于傍晚的广场，路灯带来的暖色调染黄了湿滑的路面，而大面积的积水则将天空的的冷蓝色云层倒映其中，整个画面中充满了色温带来的特殊影调。下方这张等待日出的照片中，天空被朝阳照亮后充满生机，而下方的群山则显现为冷蓝色调，显得连绵而悠远。

傍晚蓝色的天空和黄色的路灯组成的画面
光圈：f/4 曝光时间：1/30s 感光度：ISO1000 焦距：28mm

幽深的山谷和未褪去的暮色组成的画卷
光圈：f/4 曝光时间：1/250s 感光度：ISO100 焦距：50mm

高调表现法

在摄影作品中，如果从白到浅灰的影调层次占了画面的绝大部分，或者只加上少量的深色影调，通常被称为高调作品。高调作品给人以明朗、纯洁、轻快的感觉，但随着主题内容和环境的变化，也会产生惨淡、空虚、悲哀的感觉。在拍摄这幅沉稳的山中寺院照片时，摄影师为了表现山坳中的建筑，特意在晨间登上村镇子北侧的山坡，这样可以拍摄到山中的雾气，将房屋与远山进行分割。摄影师在拍摄时适当增加曝光补偿，当太阳刚刚出来，亮度还不是很高时进行拍摄，使整个画面形成明快的高调效果。

结合雾气拍摄出以明亮画面为主要成分的照片
光圈：f/8 曝光时间：1/200s 感光度：ISO100 焦距：65mm

低调表现法

在拍摄中，组织画面时，以深灰、浅黑、黑色影调为主，并且占整个画面的70%到80%，浅色调占的位置很少，整个画面的色调比较浓重深沉。这样的摄影用光方法被称为低调，也叫暗调。拍摄低调风格时，首先要观察拍摄环境中的景物，看表现主体是否具备受光照程度明显高于周边景物的条件。如果光影俱佳，那么只需要在自动测光基础上降低曝光补偿，即可拍摄到低调的画面效果。例如这张照片，雪山和树木明显处于高光环境中。

利用山中的阴影拍摄出以黑暗画面为主要成分的照片
光圈：f/5.6 曝光时间：1/800s 感光度：ISO100 焦距：24mm

塑造有背景的剪影形象

　　形态明显但没有影调细节的黑影像称为剪影，一般会出现在逆光时亮背景衬托下的暗主体场景中。剪影画面的形象表现力取决于它是否具有鲜明轮廓。在这张照片中，摄影师在晨间来到雪山的观景台，看到近景的藏式白塔和远处的巍峨雪山形成了壮美的画面。于是，使用单反相机对雪山和天空测光后，锁定曝光值并将白塔纳入到取景当中，针对白塔进行对焦并拍摄。这样，照片中就形成了以白塔的剪影形态为前景，以天空和雪山的等高光元素为背景的画面。

拍摄雪山时，利用前景的白塔剪影进行衬托表现
光圈：f/7.1　曝光时间：1/640s　感光度：ISO100　焦距：60mm

逆光的光晕效果

　　镜头在传输影像的过程中，会受到某些非理想因素的影响，使光线产生误差、偏转，造成像差。眩光就是相差的一种表现。数码单反相机镜头是由许多片单独的玻璃透镜组合而成的，这些玻璃透镜叫作透镜单元。明亮的光线通过镜头时，一部分光线就会被这些透镜单元的各个表面反射回去，这种内部的反射能够引起一种幻影，并像影像一样出现在最后的照片上。例如出现在照片中太阳周围的光圈，看上去就像一道道彩虹。这种效果虽然是一种成像偏差，但偶尔出现在画面中，可以展现太阳的光感，以及真实的现场感。

利用逆光的机位，并调整镜头方向，可以利用光晕强化现场感
光圈：f/9　曝光时间：1/400s　感光度：ISO100　焦距：12mm

利用光线营造氛围

摄影师在拍摄时灵活利用自然光，不仅可以拍摄出清晰的照片，有时也可以用来营造温暖、祥和、冷酷、恐怖、紧张等氛围。直射光下，光线的方向性强，通过变换构图和拍摄角度，最容易营造不同的氛围。在拍摄这张丹顶鹤的照片时，就是用了日落前1小时的太阳光。摄影师逆光拍摄，让照片中的气氛温暖而和谐。通过合理的构图，让丹顶鹤将高光溢出的太阳进行遮挡，同时通过长焦镜头拍摄，利用贴近地面的极低视角，将地面的草木进行虚化，在逆光中形成点点圆形的亮斑。这种逆光光位的拍摄，原本会影响照片的清晰度，但是在傍晚时分就会形成一种暖色调的雾气，让画面产生朦胧感，从而营造出一种特殊的氛围。下方这张纪实照片中，摄影师通过逆光和沙地的反光，营造出宁静、和谐的画面气氛。

利用逆光带来的朦胧感在照片中抒发情感
光圈：f/4.5 曝光时间：1/1000s 感光度：ISO400 焦距：200mm

利用逆光，结合沙地的反光进行拍摄，并且增加曝光补偿，让即时照的画面更生动
光圈：f/5.6 曝光时间：1/1250s 感光度：ISO400 焦距：42mm

第10章

摄影的构图艺术:

摄影眼的培养

黄金分割视觉原理研究

　　黄金分割本为拓扑学研究中的一个线性理论问题。欧几里得撰写的《几何原本》论述了黄金分割的价值和意义。黄金分割理论指出，画面中主体宽与长的比值应为0.618，如此比例构成的画面是最完美的。黄金分割在高度与宽度上建立了一个理想的比例，这个比例源自于人眼的视野，并通过稍稍改变，运用于大量的常见物体和艺术形式上。井字构图法是黄金分割的主要形式之一，它将摄影主体或趣味中心放在"井"字交叉点的位置上，"井"字的四个交叉点就是主体的最佳位置。一般认为，右上方的交叉点最为理想，其次为右下方的交叉点。但也不是一成不变的。这种构图形式较符合人们的视觉习惯，使主体自然成为视觉中心。

黄金分割构图实例，照片中雕塑的位置正好位于黄金分割点上
光圈：f/4　曝光时间：1/200s　感光度：ISO800　焦距：21mm

　　上图，傍晚时分，用闪光灯拍摄欧洲城市的雕塑，画面主体是照片的趣味中心。将主体置于黄金分割点上，能提高画面"以静为动"的生动感和框架感。

和谐明快的三分法构图

　　三分法也属于黄金分割，是在画面中首先连接对角线，然后将每半条对角线三等分，在这些三等分点的位置安排拍摄主体，使主体更加突出。从视觉顺序上看，当人们欣赏一件摄影作品时，首先注意的是画面的中心位置，然后是从左到右、自上而下。将拍摄主体安排在三等分点附近，能较好地突出主体景物，有利于主体与周围景物的协调，使主体景物更加鲜明。当然，三分法可以灵活应用，不必强求拍摄主体正好落在特定交叉点上。视实际情况大致安排即可。

夕阳里的马匹，画面主体位于三分法构图的合理点上
光圈：f/5 曝光时间：1/60s 感光度：ISO400 焦距：180mm

　　上图夕阳中的马匹剪影，由于拍摄对象单一，画面容易流于呆板。决定拍摄成败的重要因素是光线角度和构图的形式感。作者采用逆光拍摄，营造剪影的效果，同时运用三分法构图控制拍摄主体，突出两匹马的姿态，张扬生命的美感。

简单直接的景深减法

摄影应遵循"少即是多"的原则。某些照片令人失望的原因是，包括了太多相互冲突的多余成分。景深减法是通过控制景深，虚化背景，把主体拍清晰，将周围环境虚化，使画面简洁集中，主体醒目突出。这是在拍摄近景、特写画面时最常采用的构图方法。光圈的大小直接决定景深的大小，景深还与镜头焦距和拍摄距离有关系。

左图，通过长焦距、大光圈虚化背景，表现草地中的绿色嫩枝。画面中该实的地方实，该虚的地方虚，用浅景深留下鲜明的主体景物，把可能的干扰因素虚化成色块，或把它们虚化成说不清、道不明的，具有某种象征意义的形状。于是，添一笔嫌多，减一笔嫌少的画面诞生了。观者的视线一下聚焦到被摄主体上了，体验到了一种意境，一种美感。

通过大光圈虚化背景的方式，表现草地上的绿色嫩枝
光圈：f/5.6 曝光时间：1/125s 感光度：ISO100 焦距：300mm

寻找画面对比元素

　　画面要简约，却不等同于单调。有时候适当做加法，比如寻找能在画面中产生强烈对比效果的元素，将它们以合适的比例安插在画面中，能增加画面的戏剧效果和视觉冲击感。

　　对比是摄影构图中最常用的表现手法，两个对比元素之间能相互加强，通过对比产生美。我们可以运用大小对比、形状对比、虚实对比、明暗对比、动静对比、色彩对比和质感对比等，突出要表现的主要对象，增强摄影作品的艺术感染力。

被风吹动、不断摇摆的草丛
光圈：f/2.8 曝光时间：1/2500s 感光度：ISO100 焦距：70mm

明暗对比

　　这张照片运用了典型的明暗对比手法。在构图时，作者选取了被光线照亮的狗尾草丛和由于位置靠后而没有受到光线照射的草场，在傍晚的逆光条件下，对狗尾草进行点测。当狗尾草得到正确曝光时，细密的纹理在精心选择的逆光视角下显得格外柔美，背景几乎全黑。通过不同光线照射区域光照强度的差别，营造了完美的明暗对比效果。作品形象饱满，别有情趣。

　　明暗对比的运用在摄影中很常见，深暗背景中的明亮部分格外醒目。摄影师在景物亮度差异很大的时候，着重刻画亮部的拍摄主体，通过点测光的方式，对拍摄主体正确曝光。由于感光元件的宽容度远低于人眼，在光照条件不同的情况下，背景部分很容易呈现明显的暗调，甚至全黑。这种拍摄手法需要摄影师在构图时对光线效果有很强的敏感性，在曝光控制方面也要有丰富的经验。

中国南方典型的徽派建筑
光圈：f/10 曝光时间：1/250s 感光度：ISO100 焦距：60mm

近大远小对比

　　影像的近大远小对比是物体距离镜头远近不同所致，焦距越短的镜头，差别就越大。此时，较大的物体显得比较突出醒目，同时，画面有助于表现出空间的感觉。

　　在拍摄左图徽派建筑时，作者通过拍摄位置的选择，从某一可纵向拉开摄影师与属性相同建筑群最近与最远个体距离的角度取景，从镜头中选择合适的焦距段进行拍摄，使画面形成了被摄体远近之间的透视，构成了近大远小对比。需要注意的是，透视效果并非越明显越好，如果同一属性的拍摄对象个体的体积和占用画面的面积差异过大，会使照片不自然，视觉上不舒服。因此，摄影师应选取比人眼透视变形效果明显，但又不特别夸张的焦距拍摄，使得画面主体和辅体间的关系和谐，张弛有度。

形状对比

　　摄影中所讲的形状是三维的空间形状，形状对比是指运用形状差异与布局，给人以鲜明的视觉感受。

　　同样大小、形状的被摄体发生对比，可以使画面产生韵律感。不同大小但形状相同的被摄体发生对比，能使画面产生空间感和透视效果。不同形状的被摄体发生对比，形状本身的特性差异、摆放位置的差异等是增强照片感染力的关键。

教堂穹顶的几何图案构成了正方形和圆形的形状对比效果
光圈：f/2.8 曝光时间：1/250s 感光度：ISO800 焦距：14mm

　　上图，拍摄的教堂的穹顶。画面中的矩形边缘和中心的圆形穹顶产生形状对比，有规则形状带来的强烈形式感和彼此之间的对称、对比，使穹顶成为画面的视觉主体，成为被强调的趣味中心。这一画面主体格外突出。

前景的营造

在摄影中，作为环境组成部分的对象处于主体前面的，称之为前景。通常
前景会与其后面的拍摄主体发生某种关联，前景的作用是烘托和渲染拍摄主体。
有的前景能说明照片主题，有的前景富有装饰趣味，有的前景能起到稳定画面、
让画面富有平衡感的作用。在很多时候，前景的运用会让照片富有层次和立体感，
表现出空间深度。

用前景的船只来衬托，表现海洋的辽阔和美丽
光圈：f/6.3 曝光时间：1/1250s 感光度：ISO100 焦距：14mm

上图表现的是一望无际的海洋。作者在拍摄时，来回调整拍摄角度，最终
选取较高的视角，将一条极富风情的船只作为画面的前景。看似普通的元素为画
面带来了生机，与远处的景物形成明显的体量大小对比和色调深浅对比，能调动
人们的视觉去感受画面的空间距离。恰当地选取前景，不仅能增强画面的空间感，
而且能明显提高画面的表现力和渲染力。

前景的遮挡

　　画面主体较远时，使用前景能增强层次感；画面上方太空时，使用前景能消除空旷感；画面主体单调平淡时，使用前景能丰富画面。

　　前景位置选择很重要，注意前景不能遮挡主体，破坏画面的整体性；前景不能使画面太复杂，造成不平衡；前景不能喧宾夺主，使主体不突出。

　　左图拍摄的是武夷山的树和岩石，由于拍摄角度太正，画面中前景的树遮挡了岩石，造成画面凌乱，主体不显著，缺乏整体协调性。

武夷山的树和岩石
光圈：f/6.3 曝光时间：1/500s 感光度：ISO100 焦距：60mm

背景的构建

背景是指照片画面中主体后方的景物。背景的作用：交代环境特点，揭示场地特征；表示主体所处的空间大小，烘托主体；使主体形状及轮廓显著，清晰可辨。

进行画面构图时，背景处理的原则：凡是能够直接说明照片主体的背景，可以使其醒目；凡是无助于说明照片主体的背景，力求简化；注意区分主体与背景的层次。

背景的处理主要靠两种手段：影调与色彩的变化；影像的虚实对比。

人像摄影经常选用虚化背景的手法，用柔美的背景衬托人物的美感

光圈：f/2.8 曝光时间：1/160s 感光度：ISO100 焦距：180mm

上图利用色彩对比，区分出主体与背景；利用虚实变化营造柔美的背景，突出人物的妩媚。

使用城市街区作为背景，增强人像照片的时尚感和现代感
光圈：f/4 曝光时间：1/200s 感光度：ISO100 焦距：200mm

　　上图利用类似色对比来区分主体与背景；利用虚实变化，使城市的街区朦胧化，形成淡淡的蓝调，来增强人物主体的时尚感和现代感。

拍摄视角带来的全新感受

取景时，摄影者选择的拍摄视角很重要。绝大多数照片都是从拍摄者站立的位置以眼平高度拍摄的，如果能多调整自己的机位，变换一下拍摄的位置，追求构图中的多角度美感——鸟瞰、低角度与视点变化，就一定会有非凡的收获。

仰视角度

仰视角度指相机机位低于拍摄对象的拍摄角度。镜头朝着上方仰起拍摄，使画面产生一种由下向上、由低向高的仰视效果，有助于强调被摄对象的高度。尤其是在运用广角拍摄时，可以使画面更具夸张性。仰拍常常以天空为背景，可以净化背景，突出主体。

右图采用广角镜头，用仰视角度拍摄 SOHO 建筑群，表现了现代建筑挺拔高耸、刺破青天的效果。

运用仰视角度拍摄，仰角大小与距离远近有关，拍摄距离愈近，仰角愈大。由于透视关系，使物体变形、增大。因此要注意把握分寸，根据不同被摄对象的具体情况，选择适当的仰摄角度，以满足主题需要，增强构图的表现力。

仰拍朝阳门建外 SOHO

光圈：f/2.8　曝光时间：1/4000s

感光度：ISO100　焦距：24mm

俯视角度

　　俯视角度是指相机机位高于拍摄对象的拍摄角度，即从上向下拍摄。这种拍摄角度的特点是视野辽阔，能见场面大，景物全，可以纵观全局。

　　俯视角度多用于拍大场面。比如下图，作者站在山顶俯拍禾木村晨曦的风光。画面中，主体与周边元素的空间开阔感强烈，通过众多画面元素的分布和疏密程度，表现了小村庄的地理位置、周边环境、生态美感及规模，充分展现了被林海包围的禾木村的空间位置与层次关系，给人以深远辽阔的视觉感受。

在山顶俯拍禾木村晨曦的风光
光圈：f/32 曝光时间：1/15s 感光度：ISO200 焦距：110mm

视向空间预留的构图法则

　　视向空间预留构图是指，当拍摄对象为运动的物体或有生命力的人时，在拍摄对象的运动方向或人物的视线方向预留一部分画面空间，让主体在画面中的位置偏向视向方向或运动方向的另一侧。预留视向空间的构图方法能赋予画面良好的延伸感与和谐的平衡感。

　　拍摄人像时，摄影师通常在人物的视线方向，根据人物的神态、动作，结合其他的构图规律进行综合考虑，预留适当的画面空间（前视空间），并且前视空间大于后面的空间。前视空间是产生意境、帮助观者联想的条件。

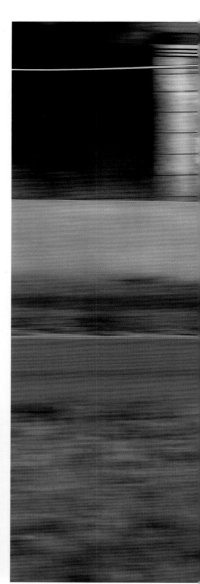

拍摄这张照片时，模特的眼神中充满欢愉。她望着数码相机，似乎在自拍。在模特的视线方向，摄影师预留了更大的画面空间

光圈：f/2.8 曝光时间：1/200s 感光度：ISO100 焦距：70mm

　　上图中，模特的眼神中充满欢愉，似乎自拍。在模特的视线方向，摄影师预留了较大的画面空间，希望吸引观众的视线和思绪，顺着画面的意境流转，激起感情上的共鸣。

利用追随摄影的手法拍摄方程式赛车

光圈：f/11 曝光时间：1/125s 感光度：ISO100 焦距：105mm

　　当拍摄对象为运动的物体时，运动物体的去向称为"视向"，而其运动的前方空间，称为"视向空间"。通常在人像摄影时，视向空间的面积一定要大于反方向的空间，在拍摄运动物体时亦然。

　　如上图，当摄影师利用追随摄影的方法拍摄方程式赛车时，在赛车的前方，也就是画面左方保留较大的空间，这是视向空间构图应遵循的原则。如果我们不在其视向前方留较大空间，而将赛车放在正中央，左右所留空间相等，则画面呆板。若视向前方留的空间少于反方向的空间，则有赛车快碰壁，事件将结束，构图不稳定的缺憾。另外，视向空间构图预留的画面空间大小同运动物体的运动速度有关，速度越快，预留的空间越大。

反向压迫感的视向空间构图

　　视向空间构图法是经典的构图方法，在行进／视觉的方向保留空间，就保留了想象的余地，能引导观者的视线在画面中移动，使构图呈现顺畅稳定的效果。

　　然而，构图是传达想法、情感的媒介，视向空间构图法的应用也要为照片主题服务。当摄影师要通过画面表达某种特殊情绪，如人像摄影中表达失落、沮丧、低沉的情绪时，可以采用与传统理论相悖的构图方式，即将焦点人物置于有限空间内，刻意缩减鼻前空间，制造逼仄感，夸张环境对人的侵略性，通过压迫式构图为叙事制造压抑的氛围，揭示画面人物的情绪以及所面临的处境。

采用与传统视向空间法相反的构图方式，在模特的眼前不留过多的空间。模特不经意间流露出的情绪被作者的镜头定格，可以给读者更多的想象空间
光圈：f/2.8 曝光时间：1/50s 感光度：ISO100 焦距：148mm

垂直线构图

在摄影中经常出现垂直线，垂直线构图给人以高耸、挺拔、向上升腾的力感。在拍摄高层建筑、树木、山峰、瀑布水流等景物时，常将构图的线形结构处理成垂直线方向，采用这种构图的目的是强调被摄对象的高度和纵向气势，强化主题内容。

在垂直线构图的画面内容选取上，可以仅表现垂直线的力度和形式感，使照片简洁而大气；也可以在画面中融入一些能带来新鲜感受的非对称、非线性元素，为画面增加新意。

右图，使用广角镜头拍摄郁郁葱葱的树林，让被摄物体呈垂直线分布，给人一种整齐精致的感觉。

使用广角镜头拍摄植物区中的水彩林
光圈：f/8 曝光时间：1/30s 感光度：ISO100 焦距：20mm

水平线构图

因为地平线的存在，水平线构图是风光摄影中应用最多的拍摄方法，自然界中的横向线条都是水平线构图要捕捉的拍摄对象。水平线构图可以使观者视线左右移动，产生开阔伸延的效果。水平线的构图原则是平稳而不呆板，简洁而有韵律。注意不要将水平线拍成倾斜状，保持画面稳定很重要。

单一水平线如地平线的处理要避免置于画面正中央，造成二等分的局面，可通过上移或下移避开中心位置。也可以在单一水平线的某点上安排一个形态，使画面统一中有变化。当多条水平线充满画面时，要合理安排布局。如右图，拍摄九寨沟的水景，多条水平线区隔了河流、河岸、树林灌木等，水平线在画面中均匀分布，形成舒展的节奏，给人以宁静、沉稳、宽广的感受。

九寨沟的美景，河流中长满各种植被，构成水平线构图
光圈：f/9 曝光时间：1/200s 感光度：ISO100 焦距：100mm

斜线构图

　　斜线构图是用斜线来表示物体形态变化的一种构图形式。斜线条会使人感到物体从一端向另一端扩展或收缩，产生变化不定的感觉，富于动感。斜线的动感的程度与角度有关，角度越大，其前进的动感越强烈。

　　斜线在摄影画面中出现，一方面能够产生运动感和指向性，容易引导观众的视线随着线条的指向去观察；另一方面，斜线能够给人以三维空间的第三维度的印象，增强空间感和透视感。

　　斜线构图可分为立式斜垂线和平式斜横线两种。也有的画面利用斜线突出特定的物体，起到一个固定导向的作用。

用长焦镜头拍摄欧洲 CK 小镇的屋顶
光圈：f/5.6　曝光时间：1/450s 感光度：ISO200 焦距：300mm

对角线构图

　　对角线构图是典型的方向性表达方式，摄影师在构图时，刻意将拍摄对象的线条走向安排在画面对角线的位置，以便有效利用画面对角线的长度，使画面产生极强的动势，表现出纵深的效果。

　　和常规构图方式相比，对角线构图在表现力量、方向感、动感方面具有明显的优势。它的潜在作用还包括：提升画面拍摄主体的气势和视觉冲击力；在短时间内将读者的视线引向画面两角，并迅速返回，从而有力地凸显了画面的主体。

寺庙里的香火。拍摄时通过角度的控制，使用对角线构图的手法
光圈：f/2.8 曝光时间：1/30s 感光度：ISO100 焦距：50mm

曲线构图

　　曲线构图是指整个构图的主体呈现 S 形，是一种常见的构图形式。画面中的曲线形式，不仅具有韵律、流动的感觉，还能有效地表现被摄对象的空间和深度。此外，曲线线条在画面中能够最有效地利用空间，可以把分散的景物串连成一个有机的整体。

　　曲线构图的关键在于对拍摄对象形态的选取。自然界中的拍摄对象拥有各种不同的曲线造型，它们的的弧度、范围和走向各异，但主要是波状线条的各种变形。右图，作者拍摄的是蜿蜒曲折的河流，可使用曲线构图，可使画面呈现出优美、舒展和视觉延伸的特点，能引导观者的视线随曲线的走向而移动。曲线由于它的扭转、弯曲、伸展所形成的线条变化，使人感到趣味无穷。

武夷山景区内蜿蜒的河流
光圈：f/10 曝光时间：1/160s 感光度：ISO100 焦距：90mm

首都机场三号航站楼内的屋顶结构

光圈：f/5.6 曝光时间：1/25s 感光度：ISO200 焦距：14mm

汇聚线构图

汇聚线是指画面中向某一点汇聚的线条。当摄影师的拍摄方向上存在纵向延伸的建筑或其他线条时，远方的景物元素会逐渐变小，并从上下左右四个方向向远处延伸，最终汇聚在视野消失处。同时，画面中会出现明显的汇聚线感受。

汇聚线在画面中能表现出空间感，使人在二维图片中感受到三维的立体感。画面中汇聚线越急剧，透视的纵深感越强烈。由于广角镜头可以产生近大远小的透视效果，通过调整焦距，可以控制照片中线条汇聚的幅度，实现更强烈的透视效果。

汇聚线构图不一定要从正面拍摄视觉延伸，适当调整拍摄角度可以使照片看起来更自然。同时，当拍摄人物或者其他主体时，不妨把拍摄主体安排在汇聚线中心位置。汇聚线对人的视线有极强的引导性，可以将观众的视线引向主体，达到一种直奔主体、不得不看的效果。

漫散式构图

　　漫散式构图是一种自由松散的构图形式。摄影师一般采用俯视角度拍摄，把许多相同或类似的拍摄对象聚散配置于整个画面，通过疏密或色调的组织，使画面无序中存在有序，给人以回味的空间。

　　漫散式构图的特点是被摄对象数量多；各散点之间并列平等，无主次之分；没有明确方向性；画面完整，连贯，节奏感强。由于画面主要表现单一拍摄对象，所以主体明朗，能很好地表现拍摄主体的外部特征。

烂漫的花丛
光圈：f/7.1 曝光时间：1/25s 感光度：ISO100 焦距：55mm

传统工艺制作的纸伞
光圈：f/4.2 曝光时间：1/8s
感光度：ISO100 焦距：100mm

分割式构图是一种形式感极强的构图方式，这种方式是将画面中规律性、排布性不强的元素，通过一些明显的能起到分割画面作用的物体，在构图时进行分割。摄影师利用这些分割物，将画面分成有规律的几个或很多区域，并以此为基础，表现画面主体，或仅仅以形式感取胜。

> # 分割式构图

分割式构图把画面分割成相对独立的几部分，可以上下分割，也可以左右分割。分割处理时必须注意，不可造成分裂状态，分割后的各部分必须有统一的整体感。

从低角度拍摄中国传统建筑，透视效果使建筑在画面中呈现三角形
光圈：f/5.6　曝光时间：1/320s　感光度：ISO100　焦距：24mm

三角形构图

三角形构图是以三个视觉中心为景物的主要位置，有时是以三点成一面的几何形状安排景物的位置，形成稳定的三角形。三角形构图可以是正三角、倒三角或斜三角。在大千世界中，三角形的元素和组合无处不在，细心寻找合适的元素，在画面中构筑不同的三角形造型，可以传达各种画面情绪。

正三角形构图能营造出画面整体的安定感，给人力量强大、无法撼动的印象；倒三角形构图明快新颖，稳定感没有正三角形强烈，相比之下，更能表现张力和开放性；斜三角较为灵活，动感和方向性很强；多个三角形的组合构图则能表现出热闹多变的动感。

福建土楼，从土楼某一层的内部拍摄，
梁柱将画面分割成若干区域
光圈：f/11 曝光时间：1/60s
感光度：ISO100 焦距：14mm

圆形的建筑穹顶
光圈：f/3.2 曝光时间：1/1250s 感光度：ISO200 焦距：24mm

圆形构图

　　圆形是封闭和整体的基本形状，圆形构图通常是指画面中的主体呈圆形。此种构图方法可以让画面形成强烈的整体感，产生旋转、运动、收缩等视觉效果，给人无休无止的印象。

　　在圆形构图中，如果出现一个集中视线的趣味点，那么整个画面将以这个点为中心，产生强烈的向心力。在圆形构图中，画面主体通常是规则的圆形，但也可以是不甚规则的圆的形状。圆形构图除了能强调画面主体外，还擅长表现环境场面和渲染气氛。

矩形构图

矩形构图在摄影创作中并不常见，它是指摄影师通过拍摄角度的变化和控制，让拍摄对象在画面中呈现矩形或类似矩形的形态。矩形是一种稳定的形状，具有大方、均衡、稳重的特点。因此，矩形构图经常被用来拍摄建筑等较为严肃的摄影题材，用来表现平衡和谐的画面关系，而框式构图、窗口构图等构图的创作方法也是从矩形构图演变和延伸来的。

具有强烈现代感的建筑
光圈：f/2.8 曝光时间：1/125s 感光度：ISO400 焦距：24mm

框景式构图

框景式构图用景物的框架作前景，将拍摄对象限定在框景内。框景与拍摄对象以紧密的形式呈现，从而达到强调主体、阐明环境的作用。

利用框景式构图是不少摄影人常用的手法。在确定拍摄的主体后，可通过多观察，寻找适合拍摄主体的框架，比如窗户、门廊、隧道等。充分借助特定景物形成的框架进行构图拍摄，使画面的边缘部分呈方形、圆形、三角形或不规则的多边形。

框景式构图把拍摄主体安排在边框中间，十分自然地将视觉中心引向了主体，起到了突出主体的作用。同时，框景式构图的边框通常处在暗部，同框内主体形成强烈的明暗对比，达到了增强画面纵深透视感的效果。此外，曝光控制是运用框景构图时要特别注意的技术要点，框景内和框景本身的光照条件不同，在测光时要以框景内的光线为准，保证画面中心的曝光正确。

利用框景式构图拍摄福建土楼
光圈：f/8 曝光时间：1/25s 感光度：ISO100 焦距：17mm

折线构图

线条有节奏地改变方向可以形成折线，折线构图以 Z 字形为特征，途径清晰，具有力度感。欣赏折线构图的摄影画面时，视线会不自觉地随着 Z 字形线条进行视点位移，画面中折线的曲折走向对观者具有引导作用，能约束人们的视线外流。折线构图具有刺激性和紧张感，常预示运动的态势和情节的曲折。

在实景中提炼折线构图，首先选取最佳的拍摄位置，通过拍摄角度来强化折线线形的表现力；其次注意光影变化，即物体上明与暗的曲折交界线，以及 Z 字形物体被照射而形成的投影线条。这类线条随着光源方位变化而变化，拍摄时机要及时，力求形式简洁，影调对比悦目。

鸟巢内部的框架在晚上灯光的照耀下格外绚丽

光圈：f/4 曝光时间：1/25s
感光度：ISO400 焦距：40mm

第**11**章

名师亲授:

创意摄影技法

从发现到记录

一张照片的诞生，经历了摄影师从发现到记录的过程，这个过程中凝聚了摄影师的独特眼光和多年积累的画面组织能力。数码单反相机相比普通数码相机，在抓拍上有着先天的优势，它与一般卡片相机的最大区别就是反光镜和棱镜的独特设计，这使得摄影师从取景器中可以直接观察到镜头所捕捉的影像，并且在之后可以迅速记录从取景器中所观察到的瞬间的影像。对于刚入门的摄影爱好者来说，在拍摄照片时往往很难一次成功，因为拍摄现场带来的视觉冲动会让人不由自主地按下快门，从而忽略了对画面的精细组织和布局。不过，数码单反相机的优势在于可以随时使用液晶屏回放拍摄的照片，并且及时分析照片在曝光、构图和拍摄角度上存在的问题，继而在之后的拍摄中，可以在此照片基础上进行完善。右面的照片拍摄于拉萨布达拉宫外墙附近，摄影师不小心将地面的杂物一同纳入到画面中。下一张在拍摄时主动进行了回避，并尝试让转经筒产生更强的纵深感。

快速抓拍时，摄影师误将地面杂乱景物拍摄到了照片中

光圈：f/2.8　曝光时间：1/200s　感光度：ISO100　焦距：75mm

经过之前的试拍，在那一张基础上进行改进和完善的作品

光圈：f/3.2　曝光时间：1/640s　感光度：ISO400　焦距：115mm

采用标准的全景式构图，虽然完整，但是看上去千篇一律，没有体现出摄影者独特的视角

光圈：f/8　曝光时间：1/200s　感光度：ISO100　焦距：24mm

退一步构图，将前景的经幡纳入到画面取景当中，并以此衬托远处的梅里雪山

光圈：f/8　曝光时间：1/200s　感光度：ISO100　焦距：12mm

退一步海阔天空

俗话讲：人挪活、树挪死。这句话也可以用来形容拍摄照片前的取景。取景是一个观看与分析的过程，通过单反相机四周暗中间亮的取景器，可以更加专心地对拍摄场景进行规划，并且利用镜头的透视关系对画面进行重新组织。在取景时，由于相机受到镜头的成像影响，往往取景器中的画面和我们直接利用双眼进行观察时有所不同，尤其在变换不同的高低和角度时，景物的结构与关系也会发生变化。视角可以理解为观看时的角度，也可以理解为看待事物的观点。物理上的视角往往是拍摄高度决定的，例如，利用蹲姿可以拍摄到高耸的山峦，退一步可以获得更宽广的画面。左面这张照片是摄影师拍摄的梅里雪山风光。由于天空较为平淡，摄影师后退几步，将彩色的经幡作为前景，使其对雪山形成包围的态势，以此来丰富画面。

建立对比与参照物

拍摄风光照片时，为了描述现场带来的宽阔与壮丽的景象，摄影师常常会在取景时寻找环境中的对比。对比无处不在，并且会隐藏在看似平常的风景之中。总结摄影师多年的经验，拍摄场景中常见的对比有景物形状的对比，例如大与小、高与矮、粗与细等；在光线与色彩上也有对比，例如深与浅、明与暗、黑与白、冷与暖等。这张在御道口牧场拍摄的风光照片中，由于天色不尽如人意，摄影师登上一个可以将景物一览无余的山坡，才能以俯视的视角将天空完全排除。通过广角镜头的透视关系，结合右侧湖中陆地一角上的人物，并以此作为对比的参照物，从而让画面形成了强烈的大小对比关系，使画面效果更具冲击力。

在拍摄风光照片时，为了获得宏伟的气势，可以在取景中加入人物或建筑作为参照物

光圈：f/16　曝光时间：1/15s　感光度：ISO100　焦距：65mm

利用湖中的船舶作为参照，体现出湖面的宽阔

光圈：f/8 曝光时间：1/250s 感光度：ISO100 焦距：62mm

　　这张冬季拍摄的照片中，整个画面犹如仙境一般圣洁。自然景物中，只有洁白的雪山、蔚蓝的湖泊和黄色的土地。摄影师在取景时力求突破，让自己的构思更多地融入到画面的布局当中，从而拍摄出更加独特的照片。经过几次变换角度取景之后，摄影师向前走了几步，在脚下就是悬崖时，刚好可以看到之前脚下山体遮挡住的公路。为了突出公路在画面中的比例，摄影师采用了竖幅构图，让公路形成蜿蜒的S形，并且将画面从上到下依次容纳天空、雪山、湖泊、土地和公路等元素。这时，恰好一艘快艇从湖中驶过，于是摄影师等待快艇行驶到湖中央时，按下了快门，让画面中具有更多的对比参照物。

利用长时间曝光将水流的轨迹记录下来，让照片中体现出一种特殊的宁静
光圈：f/32　曝光时间：1/2s 感光度：ISO100　焦距：100mm

动亦是静

在拍摄照片时，对同一场景有多种表现手法，结合数码单反相机的功能，可以拍摄出动静结合的画面效果。左侧这张照片拍摄于冬季的四川九寨沟，由于气温刚降至冰点，部分溪水被封冻起来。使用长时间曝光的慢门技巧，可以让水流的轨迹记录在照片中，从而表现出冬的静雅。晴天的一天之中，最适合拍流水的时间其实很短，主要是早上阳光出现之前和傍晚太阳落山之后的半个小时左右，这两个时段的光照均匀，不会因为长时间曝光而导致照片中出现局部的严重曝光过度现象。使用相机慢速快门拍摄，尽量要把流水表现成丝滑状态，所以需要一个很牢固的三脚架帮助。在使用三脚架拍摄时，关闭相机和镜头的防抖功能，以免降低画面的清晰度。拍摄时不能把对焦点放在流水上，而要以流水旁的礁石作为对焦点。为了获取更长时间的曝光，使用最小光圈和最低的感光度数值。将单张拍摄模式改成 2 秒或者 10 秒自拍模式，或者使用快门线触发快门，可以有效防止相机震动。如果拍摄现场光线较强，就需要配合灰镜（ND 滤镜）来降低相机的进光量。具体操作会在之后的章节中进行介绍。

使用慢门法将溪水拍摄成丝绸状
光圈：f/13 曝光时间 3.2s 感光度：ISO100
焦距：12mm

静亦是动

照片有时会将事情的发展过程进行交代，有时会将出现的高潮进行展现，有时也会预示着高潮的来临。例如，在这两张动物的照片中，摄影师在构图上都为向前或向上运动的动物预留了前进的空间，并且将运动的高潮记录了下来。在右侧这张林间飞鸟的照片中，摄影师利用渺小的鸟与大面积的森林形成的对比，形成不稳定因素。之后，记录飞鸟向前滑翔的瞬间，而非拍摄正面或侧面的特写，就是为了营造一种潜在的动感。拍摄下面这张野羊的照片时，摄影师在它抬腿的一瞬间进行抓拍，在看似静态的照片中，让读者心里充满对它下一步行动的想像。因此，在静态

拍摄飞鸟时使用大光圈长焦镜头，产生背景虚化的同时，让取景不致过于紧凑，可以让人们产生飞翔的联想

光圈：f/3.2　曝光时间：1/1600s　感光度：ISO400　焦距：190mm

的数码照片中，一样可以体现画面的动感，这不仅要求摄影师对相机熟练操作，也包含了一些心理学的内容。正因如此，很多人说摄影是一门综合的学科，当技术娴熟后，还有更大的空间有待探索。

利用预留视向空间法和斜线法构图拍摄上山的野羊。当它迈开前蹄时按下快门，在照片中体现出动感

光圈：f/3.2　曝光时间：1/320s　感光度：ISO500　焦距：200mm

利用长焦镜头的压缩透视感，表现海边清晨的繁忙景象

光圈：f/11　曝光时间：1/200s　感光度：ISO100　焦距：190mm

锻炼观察力

　　一张好照片的诞生，不仅需要熟练的相机操控技术，更重要的是摄影师敏锐的洞察力、观察力和画面控制力。这张照片拍摄于一个与城市隔海相望的渔村，在一次郊游活动中，摄影师对此地有了初步的了解。在海滩漫步时，摄影师通过观察发现，这里不同于一般的海边沙滩，在潮水退去后会形成长达数公里的滩涂。这里，沙滩与海水交汇，还有礁石点缀其中。此时，在摄影师的脑海中已经开始将现场有利于表达的各种元素进行组合，阴天、多云、晴天、日出和日落、渔船驶过海面。于是，摄影师预先确定了太阳升起的方向，并决定在第二天的清晨，根据探寻的机位尝试拍摄。

　　清晨，摄影师来到海滩上。由于太阳光的作用，天空中弥漫着温暖的光线，渔民泛舟在海上进行捕捞。从逆光的角度看上去，只能大概分辨出他们的轮廓。于是，摄影师选择了较远的机位，将长焦镜头架设在三脚架上，通过长焦镜头的压缩透视关系，将滩涂与海水交织的景象进行浓缩整合，并将海面上的活动与隔海相望的城市一同记录下来。

近距离拍摄成群的天鹅，画面层次混乱，照片没有明确的主体
光圈：f/3.2　曝光时间：1/400s　感光度：ISO200　焦距：200mm

距离产生美

"距离产生美"这句话，从字面上进行分析，可以理解为变化远近距离及角度，可以发现事物美的一面。在拍摄照片时也可以遵循这个道理。在使用数码单反相机进行拍摄时，调节相机镜头，使与相机有一定距离的景物清晰成像的过程被称为对焦，被摄物所在的位置称为对焦点。照片中的清晰部分并不只是一个点，在对焦点前方靠近相机部分和对焦点后方一定距离中，画面都会非常清晰，而超过这个范围的内容则会呈现出虚化的画面。在观看专业的摄影作品时，常会遇到虚实结合的画面，让作品中的主体突出，而朦胧的背景起到映衬的作用，这就是运用浅景深拍摄的照片，俗称背景虚化或前景虚化拍摄手法。比如拍摄天鹅，当摄影师距离它们较远时，使用长焦镜头拍摄，让天鹅距离背景天空及海面更远，就可以获得更丰富的画面层次。反之，则会让画面显得杂乱无章。

拍摄远距离的单个主体，让内容更有代表性
光圈：f/8　曝光时间：1/320s　感光度：ISO100　焦距：500mm

拒绝直白

要想拍摄出与众不同的摄影作品，不仅要熟悉相机的操作，还要具备丰富的想像力，以及快速准确的现场场景控制力。

在意大利比萨拍摄照片时，摄影师既想表现斜塔建筑本身，又不想一味直白地拍摄，于是尝试通过一个处于阴影中的玻璃，利用其中的反光进行构图。众所周知，只有玻璃等镜面物体处于黑暗中，才能有效地将外界光亮处的静物进行映像。在摄影师坚持不懈地寻找后，不仅找到了最佳的镜面反光处，还可以利用广角镜头将有趣的弧形玻璃橱窗框架进行完全记录。于是，借助框式结构的窗框与玻璃，结合比萨斜塔的映像，形成一幅光影与倒影组合的佳作。不仅玻璃反光可以避免直白的表达，水面反光、金属面的反光、墨镜的反光，都可以合理地利用起来，甚至一滴水中颠倒的世界影像，也会被摄影师发现和记录。

近距离拍摄比萨斜塔，得到的是一张旅行纪念照
光圈：f/2.8 曝光时间：1/640s
感光度：ISO100 焦距：200mm

利用镜像画面与橱窗中的元素相结合进行拍摄
光圈：f/8 曝光时间：1/20s 感光度：ISO100 焦距：12mm

左侧是一张曝光和构图非常规矩的照片，摄影师在拍摄时尽量避开杂乱的人群，同时尽量还原天空的蓝色，但这些只能让这张照片看上去更像一张明信片。摄影师的观察和发现能力往往会强于普通人，通过观察可以发现新奇的事物，并且在观察过程中对周围的景物会产生全新的认识。例如，置身于一个风光拍摄圣地时，很多人会对最感兴趣的景物不停地拍摄，而具有敏锐观察能力的摄影师会先根据拍摄重点分析画面，找到合适的前景和适合衬托主体的背景，然后进行有效的组合拍摄，尝试避免直白地表达。

善于利用光与影

如何利用光与影的关系来构成影像和影调，是摄影创作中的一大关键。光线按照射方向主要可以分为三种，即顺光、侧光和逆光。光线如果从光质上来区分，可以分为直射光和漫射光。其中，硬光下的景物会产生强烈的阴影。利用这个特点，可以拍摄出独具特色的照片。数码单反相机的优势是拥有高画质的感光成像元件，当记录景物时，不仅可以保证一定的像素值，还可以还原真实的亮度层次与色彩影调层次。如果将数码单反相机的照片与小卡片相机进行对比，就可以发现，相同像素大小的照片，数码单反相机记录的景物颗粒更加细密，

在拍摄时，尽量观察光线对现场景物及人物的影响，并适时进行捕捉
光圈：f/5.6　曝光时间：1/640s 感光度：ISO100　焦距：12mm

景物的边缘过渡更为平滑，大面积天空或水面中光影层次更为真实，暗部也能呈现丰富的内容和细节。利用这些特点，就可以在拍摄照片时，既保留画面细节，又容纳不同亮度的光影，通过影调变化增加画面的兴趣点。

在拍摄体育场时，摄影师利用光与影绘制出独特的形状，通过调整曝光来表现
光圈：f/9　曝光时间：1/250s 感光度：ISO100　焦距：12mm

抽象也是像

在表达拍摄主体时，可以淡化画面的具体内容，同时提炼景物的特征和形态，着重进行表现。其中最常见的手法就是通过寻找自然界中的自然光线，对被摄体进行描绘和表现。要自如地运用光线，就要对光线有一定的了解。首先，早晚的光线偏暖色调，在日出前和日落后色调偏冷，在阴影中的色调同样偏冷。在阴天或者多云天气中，光影的塑造效果偏软，照射在主体上不会形成明显的高光和阴影；在晴天时，光影的塑造效果偏硬，会在被摄主体上形成明显的亮部高光和强烈的阴影。以这张日落时分拍摄的中式建筑房顶为例，摄影师利用

逆光拍摄屋顶上的道人和神兽，通过抽象的剪影来表现
光圈：f/6.3 曝光时间：1/4000s 感光度：ISO200 焦距：125mm

逆光拍摄时降低曝光补偿，得到房檐上神兽和道人的剪影，同时获得了日落时分的天色和光影过渡。下面这张照片中，摄影师则利用前景处于阴影中的大门和人物，营造抽象的剪影效果，与后方顺光中的景物和人物进行对比。

利用大门和门框作为前景来衬托故宫的城楼
光圈：f/6.3 曝光时间：1/200s 感光度：ISO100 焦距：24mm

坏天气拍出好照片

　　天气与天色是风光摄影中照片成功与否的关键。在同一个地点，不同的天色会拍摄出截然不同的照片。有时自己拍出来的照片总是平淡无奇，而专业摄影师拍出来的，表现形式总是更胜一筹。有时不仅是拍摄技巧的问题，而是拍摄时的光线与天色的差别。例如，在黄山上拍摄照片时，如果赶上天气晴朗，那么只能拍摄出常见的挺拔山体和植被；如果赶上雪天，则可以拍摄出银装素裹的画面；如果赶上云海，则可以拍摄出仙境一般的世界。很多刚接触单反摄影的爱好者，总是在恶劣天气中焦急万分，并且选择等待天气转向晴好。而有经验的摄影师，会选择天气恶劣时外出拍摄，这样往往可以出奇制胜，拍摄到难得一见的光线和天色。

在阴雨天气里进行拍摄，利用云中夹缝的光线创作

光圈：f/8　曝光时间：1/80s　感光度：ISO100　焦距：35mm

充分调动模特的积极性，并结合适当的环境进行拍摄
光圈：f/4.5　曝光时间：1/125s　感光度：ISO100
焦距：75mm

在未沟通时拍摄模特，照片中的动作和表现略显僵硬
光圈：f/4.5　曝光时间：1/125s　感光度：ISO100　焦距：75mm

规矩是用来打破的

　　环境人像题材在拍摄时，摄影师应先与被摄者进行沟通交流，在拍摄前可以向被摄者解释他（她）所充当的角色，使他（她）能投入到其中，以便捕捉到理想的环境人像照片。摄影师在取景时，不仅要进行组合构图，还要注意观察被摄者的神情，根据其状态和心境，运用语言及其他手段引导被摄者，使其轻松愉快，激发其表现欲。对于刚入门的摄影爱好者，可以寻找身边的朋友或同事来充当模特。在拍摄人像照片时，可以采用"摆中抓"的方式。先让被摄者选择站位，并且准备好道具。然后，摄影者使用相机进行构图和对焦。由于是摆拍，可以多费些时间研究拍摄角度，以及人物和背景的组合方式。在对人物对焦后，摄影者在手持相机并且眼睛不离开取景窗的情况下，用语言引导被摄者做出肢体动作，或者改变面部表情，并在这一瞬间按下相机的快门，抓拍到自然的状态。上面表情自然的照片具有很强的感染力，而下面呆滞的表情则会让照片大打折扣。

千姿百态:

第12章

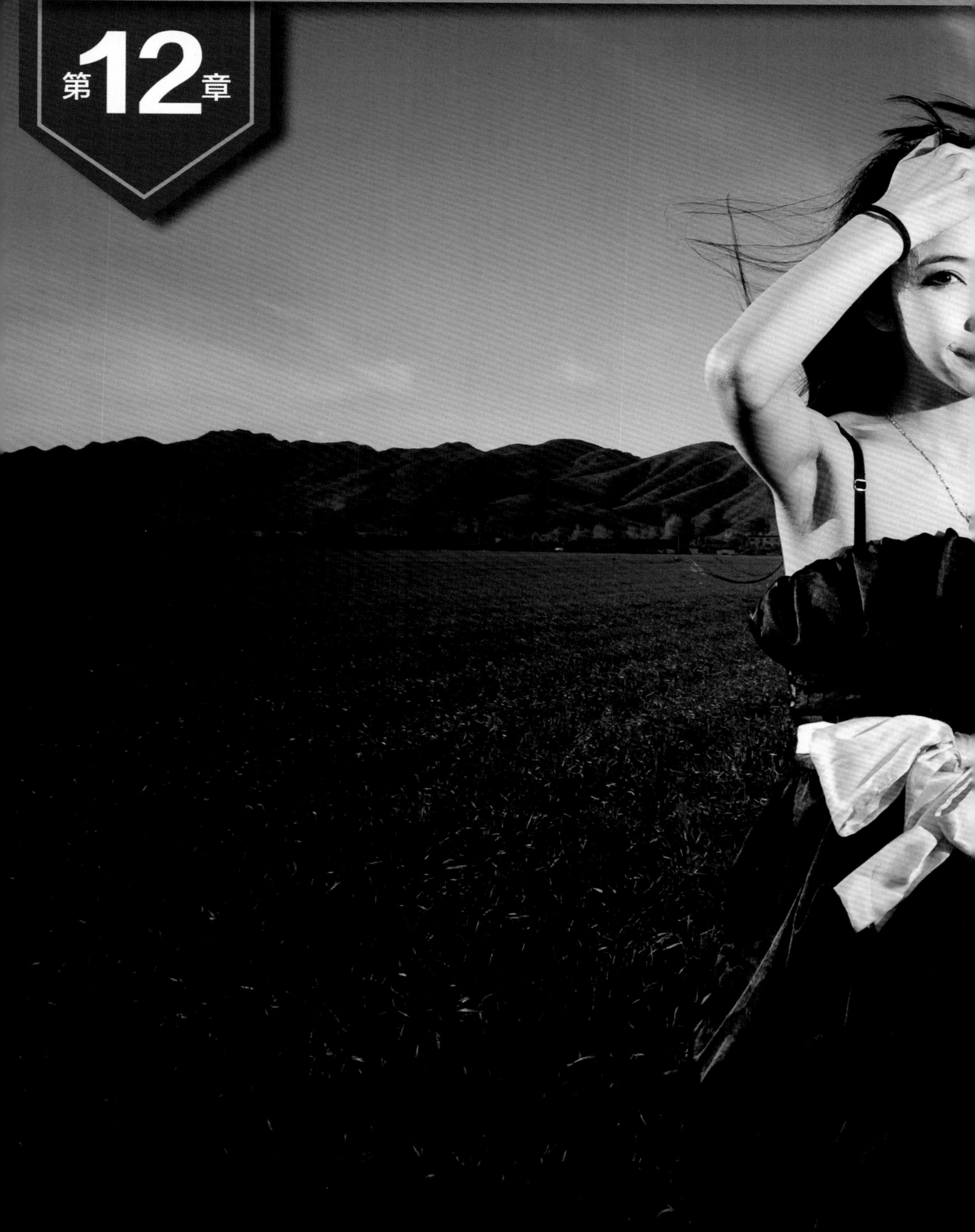

人像实拍技法

拍摄人像的器材选配

数码单反拍摄人像具有优势

1. 数码照片用数字信号记录，相对于传统胶片而言，画质细腻，无颗粒感，能更好地表现模特的肌肤，同时在后期处理中也更易于抠图。

2. 相比微单相机，全画幅数码单反拥有更精确的对焦性能和更好的景深控制能力。

3. 数码单反相机拥有 LCD 显示屏，摄影师可以通过照片回放与模特进行探讨，调整拍摄效果。

4. 人像摄影需要大量拍摄，多中选优。数码照片拍摄成本低，可以大量拍摄，更易于捕捉到精彩的人物瞬间。

中焦镜头适用于大多数场景

中焦镜头在人像摄影中使用率最高，它的焦距范围一般为 50~135mm。在人像摄影中，中焦镜头的透视变形最小，不会引起人物脸部、五官的变形，因此可以准确地刻画人物。同时，中焦定焦镜头还具有非常出色的成像品质和大光圈的特性，可以获得理想的背景虚化效果。在人像摄影中广泛应用的中焦镜头主要分为三类，分别是标准变焦镜头、中焦定焦镜头和微距镜头。

佳能 135mm 定焦镜头和尼康 24-70mm 变焦镜头

中焦镜头拍摄咖啡厅门口的少女
光圈：f/4.5 曝光时间：1/80s
感光度：ISO400 焦距：70mm

标准变焦镜头：标准变焦镜头兼顾广角和中焦的拍摄能力，使用大光圈标准变焦镜头的长焦端，可以获得一定程度的虚化效果。同时，变焦镜头使用时更加方便，通用性强。

50mm、85mm、135mm 定焦镜头：中焦定焦镜头基本上是为人像摄影量身打造的产品，大光圈和完美的画质都是变焦镜头无法比拟的，优异的成像素质和完美的背景虚化使它们成为最佳人像摄影镜头。

微距镜头：微距镜头同样拥有大光圈及合理的焦距段，可以兼顾微距摄影和人像摄影，缺点是光圈略小。

创意和变化来自广角镜头

尼康 14-24mm 广角镜头

一般认为，广角镜头主要用于风光摄影。其实，广角镜头的适用领域很多，在人像摄影、纪实摄影中，广角镜头也可以派上大用场。

当需要同时表现人物和环境，并利用环境来烘托人物，创作具有视觉震撼力和特殊风格的人像照片时，广角镜头不可或缺。它可以收取更多的画面元素。同时，利用广角镜头近大远小的透视效果，可以对画面中的人物等主体进行夸张和放大。只要使用得当，就能拍摄出具有视觉震撼力的照片。最常见的例子就是使用广角镜头从低角度拍摄人物，这时人物的腿部会显得更加修长，人物也更加高大。

广角镜头很难虚化背景，但在许多人像摄影中，背景也是值得保留的。摄影师可以利用构图等其他手段在画面中突显任务，同时利用环境元素烘托人物，使照片具有独特的风格。

运用广角镜头拍摄人像时，往往将人物置于画面前端，同时摄影师需要从很近的距离进行拍摄。

长焦镜头获得完美虚化效果

长焦镜头是多功能镜头，它具有望远功能，除了在体育摄影和动物摄影中大展拳脚以外，在人像摄影中也被广泛应用。长焦镜头具有特殊的表现效果，它压缩了人物与背景、前景的位置关系，画面的表现效果与其他镜头完全不同。同时，长焦镜头景深浅，背景虚化效果好，可利用主体与前景、背景的虚实对比关系，对人物进行凸显。

长焦镜头应用在人像摄影中，往往能表现人物的特写，着重刻画人物的身体姿态、神情、动作，而环境成为次要的因素。此时，应该注重人物表情瞬间的刻画，无论是半身人像、全身人像，还是特写，长焦镜头都可以获得理想的拍摄效果。

广角镜头适合收取更多环境元素，拍摄环境人像

光圈：f/2.8 曝光时间：1/90s 感光度：ISO400 焦距：28mm

用长焦镜头营造出完美的虚化效果
光圈：f/2 曝光时间：1/1000s 感光度：ISO100 焦距：150mm

影调的营造

影调是一个传统摄影中就存在的概念。画面中，深色、黑色占面积多的照片称为低调照片；而画面中，白色、浅色占面积多的照片就是高调照片。

高调雅致的人像照片

在人像摄影中，经常采用高调的手法表现女性人物。营造高调人像照片的秘诀在于选择白色或明亮的背景，同时利用曝光的手法，使人物淹没在两色的背景中。此外，模特最好身着白色或亮色的服装，与画面的基调相一致。

高调人像照片给人雅致、纯净的视觉感受，多用于表现女性的圣洁和清纯等意味。

高调照片反差小，除了人物的头发以外，画面中深色的元素少。在曝光技法上，可以使用曝光补偿的方式，适当增加曝光，使照片的影调倾向更加明显。

创作高调人像照片，可以使用逆光的方法轻易地营造明亮的背景，同时使用反光板对人物面部进行补光。如果在户外拍摄，模特的头发往往会被光线打亮，形成美丽的发光。需要注意的是，数码相机对亮部细节的记录能力有限，曝光控制要做到尽量精确。

在影棚或室内创作高调人像照片时，需要选择白色的背景布，利用服饰的搭配和灯光的设计为画面营造高调的气氛。可设置辅灯将背景进一步打亮。在曝光时，以模特皮肤的正常曝光为基准，适当增加一挡或半挡曝光。

选取窗口为背景，结合曝光控制，在逆光下营造高调人像
光圈：f/3.5 曝光时间：1/50s 感光度：ISO200 焦距：125mm

低调深沉的人像照片

　　低调画面是以大面积的深色调与小面积的亮色调相对比形成的画面影调，是运用暗背景衬托明亮的主体人物的一种艺术表现形式。

　　低调的表现手法和高调相对应。在人像摄影中，低调表现手法更易于突出画面中的人物，人物往往处于整个画面的亮部区域，视觉效果更加突出。

　　低调画面相比高调画面而言，感情色彩更加深沉、忧郁，浓重。它可以很好地将读者的视线集中于画面人物上。在低调人像照片中，深色的影调占了画面的绝大部分，少量的亮部区域往往是人物的肤色和服饰。

　　在自然光条件下，利用人物与背景强烈的明暗反差，借助相机有限的宽容度和对人物的准确曝光，往往可以压暗处于阴影中的背景，营造低调的画面气氛。

　　在测光时，低调人像摄影宜采用点测光模式，对人物的面部进行测光。

　　在影棚摄影中，低调效果的营造主要通过背景的设置和布光来实现。为了营造低调的画面效果，照射人物的主光往往选择硬光而非软光，同时利用曝光和布光的控制压暗背景。

　　低调人像照片画面反差大，模特面部和身体也往往受光不均匀。需要做到对光线的精细控制，避免出现人物受光角度、部位的偏差，那样会影响照片的整体效果。

在傍晚，利用幽暗的背景营造低调的自然光人像照片
光圈：f/2.8　曝光时间：1/250s　感光度：ISO200　焦距：160mm

横竖画幅各有利弊

横画幅包含更多环境内容

　　人像摄影中，横、竖两种画幅具有截然不同的表现效果。横画幅使用频率不高，但用横画幅拍摄人像照片，可以收取更多的环境元素，增强画面的延伸感。在全身人像的拍摄中，横画幅拥有很好的表现效果。

横画幅构图可以营造强烈的画面延伸感
光圈：f/2.5 曝光时间：1/3200s 感光度：ISO100 焦距：50mm

　　使用横画幅拍摄时，摄影师在构图控制上有更多的组合和变化方式，可以利用环境来烘托和表达照片的主题。
　　横画幅构图人像摄影相比竖画幅构图具有更高的难度，同时也具有更广阔的创作空间。

竖画幅直白表现人物

竖画幅构图在人像摄影中更贴近人的躯体形状，有利于表现身体的视觉延伸感。竖画幅构图的使用频率要远远高于横画幅构图，且用竖画幅构图拍摄人像，成功的概率更高。

在特写、半身人像、全身人像的拍摄中，竖幅构图都可以很好地截取人物，在构图时更加轻松。让人物充满画面，配合大光圈虚化背景等手法，可将人物凸显出来，且视觉均衡感好，失败概率低。但竖幅构图的人像照片往往在画面布局上缺少变化，在配合环境因素共同营造画面时，具有一定的局限性。

竖幅构图更适宜表现人物完整的身体姿态

光圈：f/2
曝光时间：1/1000s
感光度：ISO100
焦距：135mm

养眼特写的构图与实战技法

特写是人像摄影中最直接、最易于掌握的的表现手法，它可以用直白的方式表现人物美丽的面庞。特写照片具有简单、鲜明、直观、易于学习和掌握的特点。

直白表现是特写的惯用手法

人像特写最直观的拍摄方法就是将人物面部充满画面。将相机靠近模特，在画面中可以预留一部分区域，作为构图的空间，但不要收取过多人物颈部以下的身体部分。抓取模特最精彩的神态，按下快门。

虽然特写的拍摄看似简单，但有许多细节需要掌控。首先，特写对模特的要求很高，五官、脸型必须端正。同时，由于特写照片中，皮肤占据了画面的大部分区域，前期化妆非常重要。另外，特写考验模特的表现力，模特必须大方、充满自信。最后需要注意的是，要避免人物变形，因为特写照片的拍摄距离近，容易引起脸部、五官的变形。拍摄时要控制好角度，慎用广角镜头。

直接表现美丽的拍摄手法、简单、实用
光圈：f/14 曝光时间：1/100s 感光度：ISO200 焦距：176mm

塑造瓜子脸的拍摄效果

　　特写照片拍摄成功的关键之一是脸型的控制。如何让模特的脸型显得更瘦、更像"瓜子脸"？答案很简单，除了模特自身的条件外，摄影师利用拍摄角度的细微变化，可以控制照片的最终效果。

　　利用近大远小的透视变形原理，摄影师从高角度拍摄，或以平直角度拍摄时，可以让模特微微低头，收起下巴。这时，画面中模特的脸部轮廓就会显得瘦一些。此外，长发模特还可以采用头发进行适当的遮挡，以修饰脸部的造型。

从高角度拍摄，把握技巧，美化模特脸型

光圈：f/1.8 曝光时间：1/45s 感光度：ISO100 焦距：50mm

用拍摄角度营造变化

　　对摄影师而言，特写的拍摄，在画面构图上可以选择的辅助元素不多。此时，更应当把握精致的拍摄角度，通过拍摄角度的选取创作个性化的特写照片。

　　如果能够针对模特的特点，抓住模特最美的拍摄角度，在拍照时多变化角度，多尝试，就一定可以使照片出彩。

　　摄影师可以通过改变自身位置进行观察。本例中，摄影师选择了斜上方的拍摄角度，通过模特头发的遮挡，用特写的方式表现模特迷离的眼神，营造了特殊的画面意味。

找到最适合模特脸型的拍摄角度
光圈: f/13 曝光时间: 1/100s
感光度: ISO200 焦距: 111mm

用逆光营造文艺小清新味道

　　特写照片，虽然画面留白的面积不会很大，但光线对画面所起的作用仍然是非常重要的，它可以改变画面的色调和气氛。

　　在特写创作中，同样可以使用人像摄影中经常使用的逆光拍摄方法，通过光线营造高调的画面效果以及充满阳光的黄调。同理，摄影师也可以采用侧光的手法，塑造人物面部的轮廓和表情。

　　本例中,摄影师使用逆光的手法，营造了特殊的画面气氛，使整个照片显得耀眼而脱俗。

选取逆光的拍摄角度，可以营造高调的人像照片
光圈: f/3.2 曝光时间: 1/8s
感光度: ISO100 焦距: 55mm

用花草来映衬人物

　　虽然特写照片可以利用的画面元素并不多，但花草还是很好的拍摄道具。

　　摄影师可以将模特置于花丛，草木当中，利用花草作为画面的前景或模特的配饰装点画面。植物的生命力和花草的色彩都可以映衬模特的青春和美丽。

　　在构图的搭配中，摄影师需要控制花草的颜色，看是否与模特的服饰相称。同时，还要控制模特的表情，让模特和花草产生自然的互动。

　　常见的拍摄实例是，模特置身于花草的世界中，闻香陶醉。影友们也可以拍摄手持鲜花、亭亭玉立的淑女造型。或者，模特在花丛中闪躲，表现活泼的个性。总之，要在画面中体现出模特与花草的和谐。

花草和模特可以互相映衬
光圈：f/3.2 曝光时间：1/320s 感光度：ISO100 焦距：50mm

特写里的手臂姿态

　　特写人像中，模特的手臂是一个可以利用的元素。女孩的手纤细而美丽，通过模特捋头发、托腮、抿嘴微笑等姿态，可以为平淡的特写照片加入更多的表情和神态，也让照片更富有生命力和感情色彩。

　　手臂姿态的把握是人像摄影中的一个难点，模特的动作必须优雅，构图时对手臂的截取也要自然和恰到好处，否则手臂的存在反而会破坏画面的整体效果。

　　手臂在画面中的表现还有赖于模特自然的状态，不能留下摆拍的痕迹。只有灵巧的手臂动作才能给照片带来活泼自然的效果。

手部的动作可以表现模特的可爱
光圈：f/2.2 曝光时间：1/500s
感光度：ISO200 焦距：50mm

尝试横构图拍摄特写

　　特写照片很少使用横画幅拍摄，但如果在特定的场景中，或为了与模特的姿态进行匹配而选择横幅构图，往往可以获得意想不到的效果。

　　当模特处于躺、卧、坐等姿态时，使用横幅构图更易于表现模特的姿态和画面的动感。可以利用模特非常规的动作，给照片带来强烈的视觉冲击力。

　　本例中的照片在海滨拍摄，模特卧在沙滩上。作者为了获得理想的效果，趴在地上，以极低的视角拍摄。这种视角给画面带来了脱俗的表现效果，画面充满新意，将模特楚楚动人的气质表现得淋漓尽致。

针对不同的造型姿态，选取横构图拍摄
光圈：f/2.8 曝光时间：1/4000s 感光度：ISO100 焦距：170mm

侧光营造人物面部立体感

　　大多数人像特写照片以顺光的方式拍摄，表现效果直白，缺乏变化，模特的五官立体感也不强，这也是大多数特写照片流于平庸的原因之一。

　　摄影师在进行特写创作时可以巧妙地运用光线。本例中，摄影师使用侧光方式拍摄模特，通过对模特脸部角度的精细控制，把握模特脸部以及头发上的光线变化。对于阴影一侧的面部，使用反光板进行相应的补光处理。精确的曝光不但使画面拥有鲜明的明暗反差，也将模特五官的立体感很好地表现出来。

　　侧光在人像摄影中应用不多，但如果使用得当，不但能为照片创造更多的明暗变化，而且可以使模特在画面中显得更加鲜活，更有魅力。

侧光拍摄，可以营造人像照片的画面立体感
光圈：f/2.2　曝光时间：1/125s　感光度：ISO100　焦距：50mm

风情半身人像的实战拍摄技法

利用背景中的透视延伸视觉

　　半身人像及全身人像更注重画面背景的选取。平面的背景不仅单调，而且缺乏变化，选择纵深感强烈的林荫小路、回廊、则可以营造富有立体感和纵深感的画面。

　　具有视觉延伸特性的背景，其效果来源于背景中的纵深元素，以及镜头的近大远小的透视变形效果。构图时，让画面中人物身体一侧具有秩序感的元素向远处沿纵深方向排列，在画面中会形成具有线条形式感的背景。

　　模特可以选取倚靠、站立的方式，成为画面的前景和视觉中心。

利用木栅栏作背景能产生视觉延伸效果
光圈：f/3.5 曝光时间：1/200s 感光度：ISO100 焦距：75mm

巧用井字形构图

半身人像可以收取和组织的画面元素较多，在背景相对杂乱时，要从中找到它们的秩序感。

在模特姿态的把握和控制上，要尽量避免肢体的死板对称。利用模特的身体与背景中的各种交织的线条，可以组成井字形构图。本例中，摄影师选取拥有复杂线条的背景进行拍摄，让模特位于画面横竖线条的交会处，利用线条的视觉引导性，让人物从画面中突显出来。

拍摄倚在老房子窗口的模特

光圈：f/4.5

曝光时间：1/160s

感光度：ISO200

焦距：24mm

巧用对角线构图

无论是横幅构图还是竖幅构图，当模特的身体姿态在画面中大致呈直线，而四肢又没有过多的动作与变化时，平直与竖直的身体姿态都会显得单调死板。

此时，摄影师可以将相机的握持角度进行微小转动，让人物在画面中处于对角线的位置。

对角线构图富有动感，可以让人像照片看起来不死板。对于写真人像而言，可以表现女孩青春活泼的朝气。

对角线构图让画面更充实生动
光圈：f/8 曝光时间：1/200s 感光度：ISO100 焦距：66mm

避免对肢体的不当裁切

相比于特写照片主要表现人物面部，半身人像在取景时，面临人物四肢的裁切问题。

通常情况下，半身人像从模特的腰部或大腿部分进行裁切，而在对上肢的处理上，很多影友在拍摄时都会犯裁切模特手臂的错误。

虽然不能一概而论，但手臂的裁切往往会破坏画面的整体效果，让画面显得突兀，不完整的手臂在后期处理中也无法补救，因此，摄影师应当在构图时特别注意模特手臂的动作和位置，通过沟通和引导调整模特手臂的造型和姿势，避免不完整的手臂或难看的手臂动作出现在画面中。

人物表情很好，但手臂被切断，很不自然
光圈：f/2.2 曝光时间：1/200s 感光度：ISO100 焦距：85mm

着力表现女性的优美曲线
光圈：f/4.5 曝光时间：1/500s 感光度：ISO100 焦距：65mm

表现模特曼妙的身体曲线

　　模特姿态的调整和控制室人像摄影的重点和难点，在拍摄半身人像时，摄影师可以通过与模特沟通和引导，对模特在画面中的身体姿态进行调整，用S形构图的方式表现模特曼妙的身体曲线半身人像可以很好的表现模特的身体曲线，无论是从模特身体的正面还是侧面，都可以很好的表现模特优雅的身姿。

　　拍摄的要点之一是服装，为了获得理想的效果，模特的服饰不能过于宽松，摄影师要引导模特进入自信、放松的状态，同时又要与环境气氛相适应，例如身着泳装在阳光下表现模特的身体曲线，就是理想的拍摄场景。

利用曝光技巧演绎逆光剪影

　　利用逆光进行人像照片创作，可以使用剪影的拍摄手法，营造具有强烈形式感和感染力的作品。

　　在强烈的逆光下，摄影师利用数码相机宽容度低的特点，使天空获得正确曝光。此时，由于画面中光线的反差极大，处于阴影中的人物就会呈现全黑或接近全黑的效果，人物的细节被过滤掉，人物的轮廓被凸显出来。

　　为了使天空正确曝光，人物曝光不足，摄影师可以使用点测光的方式，以天空为测光依据，对天空测光。同时，可以根据拍摄效果适当调整曝光补偿。随后重新构图，拍摄。

利用横幅构图拍摄海中模特的剪影
光圈：f/8 曝光时间：1/500s 感光度：ISO100 焦距：50mm

坐姿的控制与四肢的变化

　　人像摄影中，模特的基本姿态可分为站姿、坐姿、躺姿等，其中坐姿是除站姿外应用最多、最常见的人物姿态。

　　坐姿分为正面坐姿与侧面坐姿两种。为了让照片获得理想的效果，摄影师应当要求模特坐在椅子靠外的部分，保持良好的姿态，不要将整个身体坐进椅子里去，否则模特腰部、肩部都会放松慵懒。同时，在构图时要注意正面坐姿中腿部的处理，防止双腿、双臂的方向与拍摄方向平行。模特的四肢可以适当地交叉或做各种动作，以便获得自然的效果。

逆光下拍摄坐在椅子上的模特，模特腿部的姿态是照片的亮点
光圈：f/4
曝光时间：1/200s
感光度：ISO200
焦距：24mm

为画面安插生动的前景

　　无论是特写、半身人像还是全身人像，摄影师都经常采用大光圈虚化背景的方式来营造画面。其实，在人像摄影中，前景的引入往往也可以起到非常好的效果。

　　前景在人像摄影中可以帮助摄影师表达某种意味。例如，具有遮挡作用的前景，可以表现模特活泼、顽皮的特征；具有辅助功能的道具作为前景，可以烘托画面的主题和人物的身份。

　　此外，对前景的处理也可以采用与背景相似的虚化处理方式，使前景不会喧宾夺主。

通过寻找合适的元素在人像照片中营造前景
光圈：f/2.8　曝光时间：1/125s　感光度：ISO200
焦距：135mm

逆光下的拍摄手法

　　逆光除了可以营造剪影效果以外，还可以营造完美的头发光。逆光下，画面中模特的头发会被阳光照亮，从而形成一个美丽的轮廓。同时，强烈的光线也可能产生美丽的光晕，这种光晕虽然会破坏画面的成像效果，但会显得非常时尚，有时反而可以为照片增添色彩。

　　逆光拍摄时，需要使用点测光模式，使模特的面部获得正确的曝光。同时，也需要有摄影助手使用反光板为模特面部补光。此外，要尽量选择抗眩光能力强的高品质镜头。

拍摄逆光照片宜选用点测光模式，以保证面部曝光正确
光圈：f/2.8　曝光时间：1/200s　感光度：ISO200
焦距：200mm

控制模特的视线，以创造意境

特写照片中，模特一般选择直视镜头，而半身人像的拍摄中，模特自由发挥的余地更大，完全可以通过视线的变化来营造画面气氛，表达自己的内心世界。

模特的视线可以表达很多不同的情感，例如喜悦、惊讶、等待、忧郁、失落，等等。模特视线与镜头方向的关系，以及模特自身的特点和表现力，是左右这种效果的主要因素。

当模特"入戏"之后，摄影师必须迅速捕捉拍摄时机，以免模特的状态发生改变。本例中，模特的视线朝向照片的左上方，显得心事重重、思绪万千。

从侧面拍摄模特，着力表现模特的视线和情绪

光圈：f/4.5 曝光时间：1/250s 感光度：ISO200 焦距：52mm

巧妙选取特殊视角

　　人像摄影的创意，除了构图的变化之外，更多的时候来自新颖的拍摄角度。在熟练掌握了一般的半身人像拍摄技法之后，应当在拍摄角度上多尝试、多创新，结合各种焦段的镜头，营造全新的画面视角。

　　本例中，摄影师采用高角度拍摄躺姿的模特，并且刻意选择了逆向的拍摄视角。模特面部朝向另一侧，安然入眠。画面中的人物显得非常柔弱、恬静。

　　在许多场景中，使用低角度拍摄同样能够获得充满创意的人像照片。成功的关键在于不断地尝试。

利用俯视角度，结合环境拍摄躺姿的模特
光圈：f/2.8 曝光时间：1/640s 感光度：ISO100 焦距：70mm

抓住生动自然的不经意瞬间

　　模特不经意的美总是转瞬即逝的，但也往往是最生动真实的。摄影师在创作人像时，不妨采用更灵活的表现手法，例如采用在运动中连拍、抓拍的方式，获得更真实、自然的瞬间。

　　在模特运动过程中进行巧妙的抓拍，还需开启数码单反相机的跟踪对焦功能。在实际拍摄中，摄影师可以为模特预先设计一个运动的路线或活动的方式，然后发出信号，开始抓拍。为了让拍摄的效果更加真切，还要克服数码单反相机的快门时滞。因此，做好预判，提前一点按下快门，往往成功率更高。

抓取模特回眸时不经意的瞬间
光圈：f/3.2 曝光时间：1/250s 感光度：ISO100
焦距：200mm

演绎极富创意的环境人物

构思创意

　　环境人像大多使用广角镜头拍摄，它收取了更多的环境元素，因此可以在照片的主题变化上大做文章。

　　时尚创意环境人像的拍摄，利用了环境烘托人物，营造各种主题的变化。

　　拍摄前的构思是此类照片成功的关键，各种创意和想法都要酝酿成熟，一些场景和动作甚至可以在前期手绘草图，以增加拍摄时的成功率。

　　环境的利用和照片创意来自摄影师平日的积累以及对某种风格的偏爱与追求。各种流行元素、特殊的人物装扮、一些重大事件，都可以成为创意的灵感。

　　在前期构思中，模特和道具的因素也要考虑进来。只有那些具有完全可操作性的创意，才真正值得付诸实施。

利用广角镜头拍摄夜景人像

光圈：f/2.8 曝光时间：1/30s 感光度：ISO400 焦距：35mm

场景的选取和把握

不同的场景可以为照片营造不同的画面风格。选择理想的拍摄场景，是拍摄环境人像成功的关键之一。

明确了照片的主题和创意之后，摄影师就要着手选取拍摄场景了。场景往往与人物形成烘托和对比的关系。

最理想的拍摄场景往往是那些与日常生活反差大、颠覆正常视觉感受的场景，因为在这些场景中，人物能够产生更为强烈的视觉反差和变化。

在逆光下拍摄的时尚服装宣传照
光圈：f/2.8
曝光时间：1/640s
感光度：ISO100
焦距：50mm

在化妆服装和后期上寻找突破

拍摄环境人像，除了场景对照片主题所起的决定性作用之外，模特的化妆和造型也极富变化，同样可以凸显照片的主题。

为了打造理想的最终效果，有条件的摄影师可以选择与专业的化妆师一起完成创作。化妆的作用不仅是美化模特的皮肤，掩饰模特的缺陷和不足，更重要的是，可以将模特塑造成一个全新的形象。针对不同的主题，化妆师可以为模特打造不同的妆容。同时，化妆师还可以在模特服饰的搭配和选择上提出专业性的建议。

对于各种不同风格服装，可以自己制作，也可以通过合作的方式从一些服装店借用，一切都需要周密的计划和准备。特殊的妆容和服饰，不但可以增强照片的表现力，还可以刺激模特的表现力，使她更加自信从容，在拍摄时更加投入。

奇异的造型和后期制作带来了画面奇幻的效果

光圈：f/2.8 曝光时间：1/125s 感光度：ISO50 焦距：30mm

姿态和动作

　　创意环境人像的创作中，模特具有更大的发挥空间、更广的视角。这一创作形式可以容纳模特更多的身体元素和肢体变化。

　　模特动作的摆布增加了拍摄的难度。与特写、半身人像相比，环境人像中模特的姿态和动作要传递更多的信息，往往也可以传递某种风格和视觉效果。

　　本例中，坐在跑车里的模特将腿搭在仪表盘上。这一姿态，除了表现出模特轻松自在的状态以外，也使画面中的人物显得更加性感，更有活力。

　　画面中模特的姿态和动作必须是合理而自然的，同时也可以极富创意、不落俗套。为了增加照片的变化，摄影师可以在拍摄前多浏览一些外国时尚杂志中的图片，往往可以有所收获，在胸有成竹的情况下指导模特诠释照片的主题。

车内模特演绎慵懒洒脱的状态
光圈：f/2.8 曝光时间：1/50s 感光度：ISO400 焦距：42mm

刻画模特与众不同的状态

　　画面中的模特用最自然的状态传递了一种难以名状的复杂情绪，仿佛在感叹经历过的沧桑。

　　全身人像、环境人像更注重刻画模特的状态和心境。模特的状态是整张照片风格的风向标。除了在半身人像中经常出现各种状态以外，全身人像对人物的塑造空间更大，通过大范围的肢体动作，可以传递出许多富有创意且复杂的人物状态。

蹲在岩石墙壁下的时尚模特
光圈：f/4 曝光时间：1/320s 感光度：ISO100 焦距：78mm

　　人物状态的营造是多方面共同作用的结果，人物的神情、姿态，动作都参与其中。许多时尚摄影作品中，模特的状态往往代表着某种风格，使照片能够负载广告摄影中厂商的诉求。

　　有些人物状态难以用语言来表述，但它的风格非常明显。这种风格常常是时尚的，激烈的。

　　模特身体重心的偏移、极富表现力的动作与摄影师敏锐的捕捉能力完美配合，才能得到画面中人物与众不同的状态和效果。

场景和人物的结合

　　环境人像中人物与环境的关系、它们在画面中所占的面积比例，以及拍摄场景对人物和整张照片所起的作用，都是环境人像创作过程中所遇到的常见问题。

　　环境人像中，场景的作用非常重要，它往往决定着一张照片的风格。同时，还要考虑场景与人物在风格上是否契合，能否相互作用，产生激烈碰撞。

　　本例中，摄影师拍摄林中的模特。画面中模特的动作是从树洞中钻出，俏皮的动作使人物与这种拍摄环境结合在一起，毫无违和感。

　　场景和人物的结合，最终要将读者的视线从场景集中在模特身上。人物不能被场景淹没，也不能孤立于场景而存在。

摆拍模特从树洞中钻出的俏皮瞬间
光圈：f/2.8 曝光时间：1/25s 感光度：ISO3200 焦距：24mm

放大广角镜头的张力

环境人像的拍摄中，大量使用广角镜头。广角镜头的作用，除了收取更多的画面元素以外，更在于它极富张力，拥有夸张的透视变形效果，可以将画面中的某些元素凸显出来。

广角镜头能被用来突出人物在画面中的视觉比重。本例中的照片包含三个模特，使用广角镜头凑近人物拍摄。靠近摄影师的主体人物被放大和突出，成为画面的主体，位置靠后的模特则成为衬托主体的辅助元素。

摄影师通过对拍摄角度和拍摄距离的调整，就可以有的放矢地对画面中的元素进行适当的突出。当摄影师需要消除透视变形带给画面的影响时，就使用更长的焦距和更远的拍摄距离。这样，广角镜头所带来透视效果就会降到最低。

用广角镜头拍摄环境人像
光圈：f/5.6 曝光时间：1/60s 感光度：ISO400 焦距：20mm

演绎角色扮演风格

环境人像创作中，模特的造型非常讲究。根据主题的需要，摄影师往往要借助服装造型的力量，将模特装扮成某种特殊的角色。

本例中，模特只有半身特写，配合背景中的汽车，演绎香车美女的照片题材，模特身材较好，照片在室内弱光环境下拍摄，营造低调的影调效果，服饰、造型、道具形成合力共同作用。摄影师应当根据自己想表达的主题和选定的拍摄环境的特点，以及模特的条件，设计模特的造型。

同时，还要在拍摄前设计各种场景的草图。如果是情节摄影，还要构思照片的故事性情节，通过对一系列繁杂工作的精确控制，最终完成角色扮演风格的环境人像创作。

用半身人像演绎时尚香车丽人
光圈：f/5.6 曝光时间：1/60s 感光度：ISO400 焦距：50mm

影棚人像实战布光

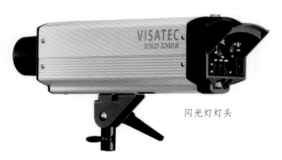

闪光灯灯头

影棚基本设备

影棚中的光源根据光线的性质，主要分为硬光和软光。它们的特性类似于自然界中的直射光和漫射光。

影棚中的各种人造光源是通过普通的闪光灯灯头，结合各种配件营造出来的。各种各样的闪光灯辅助设备琳琅满目，其中，人像摄影中最常使用到的就是柔光箱。柔光箱安装在闪光灯灯头前，它的体积大、重量轻，白色面料具有半透光的效果。当闪光灯的光线经过柔光箱时，光线被柔化，照射角度更加宽广。

影棚基本设备

反光伞

柔光箱

硬光与软光

硬光的特性：硬光是闪光灯发出的没有经过弱化处理的光线，具有直射光的特性，方向性强。它会使画面形成很大的反差，在被摄人物身上产生明显的明暗分界。

软光的特性：软光比硬光柔和许多，适宜拍摄女性人像。它的方向性不强，反差较小，能将人物身体、面部五官均匀照亮，是影棚人像摄影中使用最多的光线。

影棚布光利用硬光、软光进行组合，根据需要进行布光。对于闪光设备，需要了解的常识是：闪光灯加标准罩，营造硬光；闪光灯加柔光箱，营造软光。本书以几个基本布光实例讲解影棚摄影的基础知识。

高位单灯加反光板

　　这种布光方式在广告摄影和商业摄影中被广泛应用，特别适宜表现人物的五官立体感和面部轮廓，最常出现在化妆品广告中。

　　布光方式比较简单，在人物正前方偏上位置设置一盏装配了柔光箱的闪光灯，作为主光，同时在人物正前方偏下位置放置一块反光板。

　　主光从斜上方射来，相对于平行光，可以更好地表现模特的皮肤和服装的质感，使人物的脸部显得更瘦，同时照亮刘海，避免了平行光平铺直叙的描绘效果。位于模特斜下方的反光板则起到了补光的作用，去除了高位主灯在人物面部和身体上造成的各处阴影。

　　如果影棚具备较好的硬件条件，可以为主灯配备一个面积更大的柔光箱。柔光箱的面积越大，主光的光线越均匀，画面的最终效果越好。同时，柔光箱的形状还决定了模特眼神光的几何形状。

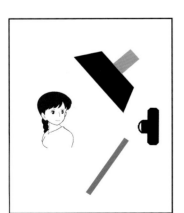

布光效果实例
光圈：f/11　曝光时间：1/160s　感光度：ISO100　焦距：75mm

左右双灯打平光

　　这种布光方式被生动地称为"蝴蝶光"。

　　它利用模特斜前方 45 度角的两盏装配了柔光箱的闪光灯同时作为主光。柔光箱具有柔滑光线的作用，平直的光线角度和柔和的光线共同作用，营造出平光的照射效果。柔光箱的使用始于拍摄柔美的女性形象。

　　左右对称各一盏灯的布光方式，使画面中基本没有阴影的存在，可以很好地刻画女性白皙的皮肤。因此，这种初级的布光方式被大量应用于影楼的人像写真，很受女性客户的喜爱。

　　与这种布光方式类似，同样使用两盏闪光灯，上下呈 45 度角布置的布光方式被称为"鳄鱼光"。

　　这两种布光方式结合进行曝光控制，可以使模特的皮肤更加明亮，但它们也具有共同的缺点：第一是对模特头发的刻画不够，往往缺少细节；第二是画面中缺乏光影反差变化，拍出的照片给人甜腻的视觉感受。

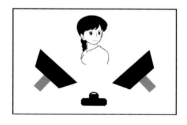

布光效果实例

光圈：f/14　曝光时间：1/160s　感光度：ISO100　焦距：75mm

营造渐变的背景效果

　　本例中的布光方法，与第一例中的布光方法基本相同，唯一的差异就是摄影师在模特的左后方布置了一盏新闪光灯。

　　这盏配备了柔光箱的闪光灯，其照射方向向后。它在布光中起到了营造渐变背景的作用。

　　影棚人像摄影中，背景的明暗调节是可以通过调整模特与背景的距离，以及布光方式来实现的。模特离背景越远，通常情况下背景的亮度越低。为了给单调的画面背景增加更多变化的元素，本例中，在模特身后安排了一盏新闪光灯，照亮背景布或墙的左侧。在最终的拍摄效果中，模特的背景就出现了一个从左到右，由亮到暗的渐变。

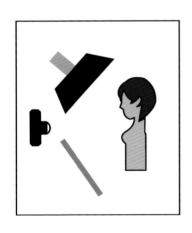

布光效果实例
光圈：f/5 曝光时间：1/160s 感光度：ISO100 焦距：75mm

布光效果实例
光圈：f/11 曝光时间：1/160s 感光度：ISO100 焦距：60mm

两盏灯营造模特立体感

在影棚布光中，将主光安排在侧面的位置，往往是为了使人物面部和身体形成明显的轮廓线，增加人物的立体感。同时，画面中的亮部区域和处于阴影中的暗部区域也会形成明暗反差。

本例中，在模特斜前方的带有柔光箱的闪光灯是主灯，它从左边将模特照亮。同时，在模特的正前方安排一支装配了柔光箱的闪光灯，它的闪光输出量较低，从正面对模特进行适度的补光，削弱侧面主光所形成的阴阳脸效果，又不至于破坏主光所营造的轮廓和立体感。

这种布光方式还有很多变化，在侧面的主光不变的情况下，可以使用反光板等其他方式，对模特的正面及阴影一侧进行适当的补光，以便得到相同或相近的最终效果。

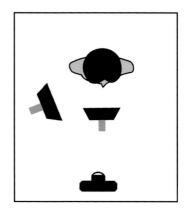

双灯打硬光，单灯正面补光

本例主要讲解"发光"的营造方法。

要想获得明亮而线条分明的发光，就必须使用没有装配柔光箱的闪光灯所射出的硬光。

硬光具有很好的方向性。将两盏装配了标准罩的闪光灯放置在模特的身后左右两侧，将灯架支高，向斜下方照射模特的头部。这两盏灯不仅能为画面中的人物营造迷人的发光，还能将模特的两侧脸颊照亮，立体感十足。以上的两盏灯属于辅光，而主光仍然是模特正前方的一支装配了柔光箱的闪光灯，用来刻画人物的面部五官。这种布光方式不但可以将人物清晰呈现，而且使人物拥有美丽的发光。

摄影师可以对模特正前方的主光输出量进行控制。当拍摄男性人像时，可以将主光的闪光输出量调至很低，以突出男性人物左右两侧的轮廓光，表现男性的硬朗和坚毅。

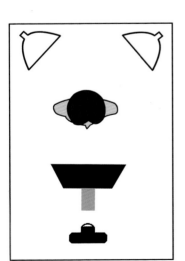

布光效果实例

光圈：f/7.1 曝光时间：1/160s 感光度：ISO100 焦距：70mm

第**13**章

自然的艺术:

专业风光摄影技法

风光摄影器材配置

风光摄影是最考验摄影器材的拍摄题材，为了适应不同的拍摄场景，摄影师不仅需要配备不同焦段的镜头，还要携带可以快速拿取和存放摄影器材的摄影包。此外，为了应对不同的天气状况和环境光线，各种摄影附件也是必不可少的。

大量采用广角镜头

广角镜头拥有更大的拍摄视角，可以将宽广的场景收纳到镜头之中。在风光摄影作品中，数量可观的画面都具有宽广的视角。另外，广角镜头拥有强烈的近大远小透视特性，摄影师可以利用这种特性来强调拍摄场景中的景物，例如地面的花朵和天空的云层。

在标准变焦镜头中，通常 24mm 或 28mm（相对于 135 画幅）已经是广角端的极限了，但在实际拍摄中，这并不能完全满足创作的需求。尤其在户外拍摄风光题材时，10~19mm（相对于 135 画幅）的超广角镜头带来的视觉冲击力是标准变焦镜头的广角端所无法比拟的。

长焦镜头框选片断精彩

广角镜头可以收纳更多的画面内容，但同时会产生一个问题，就是画面松散而缺乏重点，这时就要靠长焦镜头来弥补。长焦镜头不仅可以将远处的画面拉近取景，同时随着焦段的增长，还可以产生压缩的画面效果。另外，长焦镜头最大的一个特点就是景深浅。对于焦外的画面，可以通过大光圈和长焦距使其变得虚化，这样就凸显了画面的主体。

摄影是减法的艺术，通过对拍摄场景的构图与取舍，可以促成精彩摄影作品的诞生。精心取景的小品和宽广的画面相比，前者往往充满韵味和情调，而取舍画面和拍摄特写，是长焦镜头的拿手好戏。

定焦是最佳选择

精美的风光摄影作品不仅在构图和用光方面极具特色，而且其中的画面质量和细节也是决定其成功的重要因素。相对于变焦镜头，定焦镜头的画面解析度高，成像质量优异，镜头重量小，在构图时可以降低焦距选择的干扰，让摄影师专注于画面表现和构图，因而是风光摄影的最佳选择。

必不可少的标准变焦镜头

通常购买数码单反相机时，标配都是标准变焦镜头。对于 APS 画幅的数码单反相机，这种镜头的焦距一般为 18~55mm 或 18~70mm；对于全画幅数码单反相机，这种镜头的焦距一般为 24~70mm 或 24~105mm。由于标准变焦镜头的生产工艺相对成熟，对于风光摄影来讲，可以保证良好的画质。另外，标准变焦镜头的画面视角变化较大，既有实用的广角焦段，又有中焦焦段，可以满足大部分风光场景的拍摄，因此，这种常用的镜头又被俗称为"挂机头"。

大变焦镜头的优势

对于行程安排相对紧张的旅行拍摄来说，最佳的选择就是大变焦镜头，这就是人们常说的"一镜走天下"。这种镜头的最大特点就是变焦范围大，非常适合应对风光摄影中复杂的构图与取景。大变焦镜头的焦段，在 APS 画幅的数码单反相机上通常为 18~200mm，在全画幅数码单反相机上通常为 28~200mm 或 28~300mm。不过，大变焦镜头的孔径通常较小，最大光圈一般只在 F3.5~F6.3 范围内，这给手持拍摄带来一定难度。另外，由于镜片结构和设计等因素，一般大变焦镜头的成像质量相比标准变焦镜头和定焦镜头会低一些。

摄影包派上大用场

对于需要跋山涉水的风光摄影师来讲，坚固耐用的摄影包就像摄影器材的保护伞一样，无论是对意外掉落的防护还是抵御雨水的侵袭，都应该是义不容辞的。另外，是否方便器材的存取，也是评价风光摄影专用摄影包的一个重要因素。

景别：从磅礴的全景到精致的小品

远景（全景）

风光摄影中，全景的取景方式非常普遍，通过宽泛的取景，将景物尽收镜中，以广、博、深的气势塑造出风光的美感。利用远景的取景方式拍摄并非易事，这主要体现在收纳景物的取舍方面，以及画面中整体形式感的塑造方面。这张在新疆禾木拍摄的风光作品中，广角镜头收纳了宽广的场景。同时，摄影师在取景时利用树木的色彩与阴影的搭配，渲染了整张照片的气氛。

秋季风光
光圈：f/11　曝光时间：1/60s　感光度：ISO100　焦距：20mm

使用中焦镜头拍摄秋色的近景
光圈：f/5.6　曝光时间：1/500s
感光度：ISO200　焦距：55mm

近景

　　相对于远景的形式感，风光摄影中近景的取景方式更突出对客观环境的表现，也就是我们常说的写实。拍摄近景时，取舍尽在方寸之间，一草一木的纳入，或农舍与篱笆的位置，都会关系到照片最终的成败。摄影师对近景的把握，需要不断地拍摄与练习，并不断分析与学习成功的摄影作品，而后领会作品中取舍的精妙之处，最终在取景中做到胸有成竹。此外，风光题材的近景拍摄更考验摄影师的观察能力，优秀的摄影师眼中看到的往往比普通人看到的要多，这是因为他有一双善于发现美的眼睛。

中景

　　远景和近景的表达方式配合，可谓粗中有细、形神兼备。相比之下，中景的拍摄则略显呆板。不过，冲击力强的远景和描述太具体的近景并不能完全表达拍摄中的主体，这也是中景取景的必要性所在。在中景取景时，摄影师会把画面中的主体置于中心点附近，利用近景的虚化或者利用引导线来为中景服务，同时也会利用远景作为背景来衬托主体。这种取景灵活使用时，并不局限于镜头的焦距和景深，在景物中合理布局才是精要。

使用标准变焦镜头突出景致的层次

把握时间和光线变化

特写

  用特写的手法拍摄风光摄影作品，需要对景物有更深层次的观察与发现。从看似简单的场景中可以发现精美的小景，从小景的表现中可以再现风光之大美。特写包含的画面信息简单，更容易让观赏者集中注意力，而微妙的细节再现往往比司空见惯的宽广场景更具感染力。就像照片中在春天拍摄的嫩芽，以特写的描绘方式将前景虚化，将高光变成美丽的光点，因而凸显出了被阳光打透的绿色叶子。同时，低角度拍摄，让照片的背景更为简洁。

使用微距镜头拍摄春天嫩芽的特写

光圈：f/2.8 曝光时间：1/320s 感光度：ISO100 焦距：100mm

清晨和黄昏

　　专业的风光摄影师最注重清晨和黄昏的把握，这段时间的光线自然温和，同时太阳的角度低，不仅可以让景物显现出更多的细节，而且长长的影子也会塑造出立体感。另外，在太阳角度较低的清晨和黄昏，室外的色温较低，大自然被蒙上了一层暖色调，我们在取景器中也会看到大自然不同于平常的一面。在清晨和黄昏时分，也是对太阳直接表现的最佳时机，像日出和日落，都是风光摄影师最为关注的题材。天色对于风光摄影作品来讲，也是一个重要的因素。在清晨和黄昏时分，天空较多情况下会呈现出幽蓝色，这也是选择此时拍摄的重要原因。对于数码单反相机来讲，在清晨和黄昏拍摄时，要把握好相机的白平衡功能。如果要记录现场光线的色温，最好将白平衡设置为日光模式，否则相机的自动白平衡功能会自动改变色温，让清晨和黄昏拍摄的照片失去原有的色彩和韵味。

夕阳下的残美胡杨
光圈：f/13　曝光时间：1/60s
感光度：ISO200　焦距：18mm

夕阳下的青海湖
光圈：f/4　曝光时间：1/5s
感光度：ISO400　焦距：17mm

正午

正午的强烈的光线下，对于风光摄影来讲并非有利时机。不过通过合理取材，可以出其不意地拍摄出优秀的作品。正午的顶光运用在树林中，可以表现出光线的透射状态，就像照片中的树叶，以及背景中虚化的叶子间隙。不过，正午由于光线强烈，被直接照射的树叶或水面往往会产生反光，这样，大自然原本的丰富色彩就会大打折扣。在选择拍摄场景时，要尽量避免这种情况发生。光线充足的情况下，可以放心地使用长焦镜头以及小光圈来拍摄，足够的进光量可以保证画面的清晰度，同时，对于捕捉水花等具有运动状态的场景，也是一个有利的时机。

利用正午的直射光拍摄树叶的逆光效果
光圈：f/8 曝光时间：1/30s 感光度：ISO100 焦距：150mm

阴天

优秀的风光摄影作品不仅仅诞生于晴好的天气里，很多有经验的风光摄影师常会选择在恶劣的天气中外出拍摄。例如阴天时，太阳光线透过云层，会产生柔和而均匀的散射光，大自然中的反差会变得很低，这更有利于层次感的表现。同时，阴天时缺少了太阳的直射光，地面景物的反光也会被削弱，因而色彩和细节都会更加丰富。同时，阴天的气氛也不同于往常，这时拍摄的照片会带着一丝忧郁与低沉的色彩，可以从另一个方面来打动人。在拍摄阴天的风光题材时，要时刻注意设定相机的曝光补偿，避免自动曝光功能使画面过亮，从而失去阴天特有的气氛。

阴天可以为照片增添忧郁和宁静的效果
光圈：f/5.6 曝光时间：1/60s 感光度：ISO200 焦距：80mm

雾的映像

在风光摄影中，成功利用雾气，可以拍摄出意境深远的作品。清晰是照片必需的因素，可是所有元素均清晰呈现的照片并不一定是优秀的风光摄影作品。像这张大雾中拍摄的扬州瘦西湖照片，朦胧的远景产生了深远的意境，淡化了具象的场景，让观赏者仿佛置身于梦幻之中。同时近景中实的利用，再次将观赏者的视线拉回到现实当中。雾景的拍摄很考验摄影师的能力，尤其是前景与背景的选择与搭配，主体与客体的呼应。只有多走、多拍、多比较，方能把握雾景的拍摄技巧。

大雾中的扬州瘦西湖
光圈：f/10 曝光时间：1/320s 感光度：ISO100 焦距：120mm

风雨

　　利用风的力量，可以表现大自然的生机和灵动，正所谓风吹草动。在这张被风吹动的芦苇的照片中，低角度拍摄收纳了静谧的蓝色天空，与之形成对比的就是在风中摇曳的金黄色芦苇，一动一静，相得益彰。

　　在风光摄影中，表现雨天特色的手法也很多，例如选择较暗的背景和稍长的曝光时间，可以将雨丝凝固在画面中。除此之外，也可以选择拍摄雨水打在水洼中泛起的波纹。

被微风吹动的芦苇
光圈：f/13
曝光时间：1/200s
感光度：ISO100
焦距：28mm

通过快门速度的控制拍摄雨丝
光圈：f/6.3
曝光时间：1/50s
感光度：ISO100
焦距：100mm

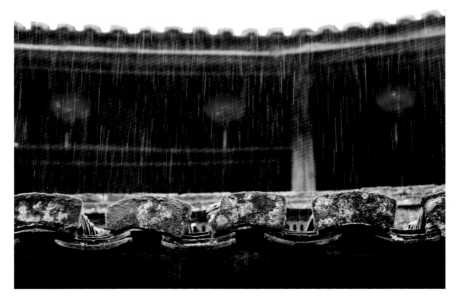

日出日落全记录

拍摄时相机的曝光控制

不可轻信自动测光

相机的自动测光功能，在拍摄时会自动假设测光区域的反光率都是18%，通过这个比率进行测光，随后确定光圈和快门的数值。但是这个测光方式不会特别照顾到亮度较高的太阳部分，也不会特别照顾到亮度较低的天空和地面。因此，在拍摄后一定要及时回放照片，查看照片的曝光情况，尤其是主体的太阳、云层或霞光。如果层次欠佳，一定要在自动测光的基础上增加或减少曝光补偿，来手动干预曝光数值。

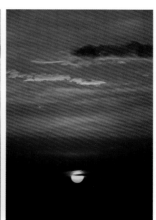

自动测光与手动减少曝光补偿效果对比

使用点测光的方式曝光

相机的点测光，并非只是对一个点进行测光，其实是对一个很小的角度范围进行测光。点测光通常与对焦点联动，不过也有一些相机只支持中心点点测光，与其他对焦点无法联动。使用点测光拍摄日出或日落的好处是，可以根据天色的情况，选择一个光照折中的部分，或者对画面中的主体进行正确测光，而不会被附近的其他光线干扰。由于测光点不一定在构图的中心，或者测光后需要重新构图，可以利用相机上的AE锁（曝光锁），当测光完成后可以锁定曝光量，来完美记录日出日落的画面。

拍摄海港日落时，将测光点对准天空

借助相机直方图进行曝光

对于任何照片而言，直方图都显示了所拍摄照片的亮度分布。直方图中的坐标图形表示数码照片的色调曲线，反映了构成图像的色调的分布状况。直方图的水平轴从左到右代表照片中从暗部到亮部的像素数量，而直方图的纵轴就表示相应部分所占画面的面积，峰值越高说明该明暗值的像素信息越多。一般曝光准确的柱状图从左到右都有分布，明暗细节都有，这会帮助你检查是否曝光准确。同时，直方图的两侧不会有像素溢出。对于数码单反相机而言，在光学取景器中无法显示当前的直方图，只有在回放照片时才能看照片的直方图，进而查看照片的曝光情况。

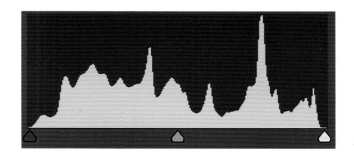

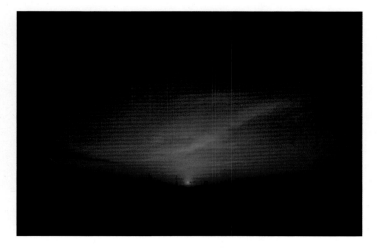

利用相机的包围曝光功能

数码单反相机的自动包围曝光是一种通过对同一场景拍摄曝光量不同的多张照片，来获得正确曝光照片的方法。"自动"指相机会自动对被摄物体连续拍摄 2 张、3 张或 5 张、7 张（视相机功能而定）曝光量在 2.0~3.0EV 范围内的照片（每张照片曝光量不同）。当拍摄日出、日落这种高反差场景时，不能确定曝光是否正确，可以使用自动包围曝光功能，以保证曝光的准确度，进而提高照片画质。使用包围曝光拍摄后，可以拍摄归来，在电脑上从亮、暗不同的几张照片中选择一张曝光最正确的。

包围曝光拍摄的夕阳照片

焦距的选取

　　拍摄出精彩的日出日落题材照片，与正确的镜头焦距选取是分不开的。太阳在我们眼中的比例会受意识的误导，当我们的视觉中心点是太阳和霞光时，可能周围其他起干扰作用的景物都会被忽略掉。但是，数码单反相机的镜头和传感器成像是不受意识所左右的，广角、中焦、长焦或超望远镜头拍摄日出日落时，成像效果都一目了然。如果选择超广角镜头拍摄，虽然照片气势恢宏，但是太阳、霞光和彩云却不能被突出表现；如果镜头焦距过长，可能涵盖的照片信息又会过少，影响照片的可读性。所以，在拍摄日出日落题材时，要尝试不同的镜头焦距，在大环境中截取烘托气氛的元素，同时大胆放弃无意义的干扰元素。

使用长焦镜头捕捉落日与芦苇荡
光圈：f/4 曝光时间：1/320s 感光度：ISO100 焦距：200mm

使用三脚架预先构图，等到太阳位置和光线最佳时拍摄
光圈：f/6.3 曝光时间：1/500s 感光度：ISO100 焦距：75mm

把握拍摄时机

　　拍摄日出或日落的题材时，最难把握的是太阳的位置和光线。经常有影友在天蒙蒙亮时外出拍摄，在寒风中等待日出，最终却因拍摄时手忙脚乱而错过了精彩的画面。日出或日落时，虽然环境整体上看起来偏暗，但作为主体的太阳或者霞光的亮度基本可以达到手持相机拍摄的要求。如果使用三脚架，建议选用球形快速云台与之配合，在太阳出来前预先构图。等到太阳初露一角时，立即测光拍摄，通过回放照片查看曝光情况，设定曝光补偿后继续拍摄。日出或日落的过程十分短暂，画面整体反差最完美的时刻更是难以把握，所以在整个过程中一定不要吝惜快门，这样才能保证得到最完美的照片。

拍摄岸边日落后的余晖，并以人物背影和建筑作衬托
光圈：f/4 曝光时间：1/125s 感光度：ISO400 焦距：24mm

等待日落后的余晖

　　拍摄日落的场景时，要预先了解可能出现的一切情况，尤其是日落后可能出现的天色。这张照片拍摄于大连星海广场的海湾，当时渐渐西下的太阳光线太过强烈，以至于拍摄的照片画面反差一直过大。为保证天空的层次，地面一直处于黑暗当中。对于这样的拍摄环境，摄影师并没有马上走开，而是继续等待霞光，并且寻找合适的角度进行取景拍摄。直到日落后十分钟，整个环境的反差才达到最佳状态，海面也被霞光染红。

全程记录，分别曝光

　　日出日落的全过程只有短短的几十分钟，光线的条件也会随着太阳的角度变化和环境的遮挡而千变万化。在拍摄时要注意试试调整曝光数值，这里可以采用两种方法。第一种方法是自动测光，随着光线的加强而降低曝光补偿，或者随着光线的减弱而增加曝光补偿。第二种方法是 M 挡手动曝光，这种方法适合将相机固定在三脚架上进行拍摄，在拍摄时固定光圈值，之后根据光线的变化来调整快门数值。这里的三张照片就是相机机位固定后拍摄的日出全过程。

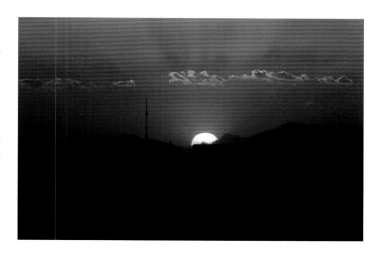

早晨太阳位置不同的三张照片

剪影同样精彩

　　日出日落时的表现主体不必局限在太阳或者天色本身上。在拍摄时可以以周围的环境作为依托，利用剪影的拍摄手法来表现。剪影其实是形态明显但没有影调细节变化的黑影，一般是亮背景衬托下的暗主体。剪影画面的形象表现力取决于被摄体的轮廓是否鲜明，但是剪影不利于表现细节和质感。因此，只要找到形状和线条具有表现力的被摄体，就可以以此来衬托日出或日落的景色。拍摄时可以将剪影与太阳并行排列，也可以让被摄体遮挡住太阳，从而让剪影中散发出太阳的光芒。剪影的拍摄多在逆光场景下，因此拍摄时要注意光线对画面的影响，尤其是在太阳直射镜头的情况下。

夕阳下铁塔的剪影
光圈：f/8　曝光时间：1/640s　感光度：ISO200
焦距：80mm

美景的组合

　　在拍摄落日时，可以与其他景物相结合，就像照片中的水天一色场景。桂林山水甲天下，在桂林拍摄时，常会遇到日落的场景。随着天色渐晚，夕阳会在水面中拉出一条长长的影子。我们此时并不用在意影子的亮度，因为这时画面中形式美感的地位已经超越了曝光的正确性。在美景的组合上，我们可以采用多种拍摄方法，最常用的就是上下划分法，通过简单的方法将主体一一纳入到画面中，之后按照色块或者形状划分，为每个元素安排合理的位置。

夕阳与桂林山水的完美结合
光圈：f/14　曝光时间：1/640s　感光度：ISO100
焦距：80mm

火烧云的色彩表现

　　在清晨太阳刚刚出来的时候，或者傍晚太阳快要落山的时候，天边的云彩常常是通红的一片，像火烧的一样。人们把这种通红的云，叫作火烧云，又叫朝霞或晚霞。火烧云属于低云类，是大气变化的现象之一。它常出现在夏季，特别是在雷雨之后的日落前后，在天空的西部。由于地面蒸发旺盛，大气中上升气流的作用较大，使火烧云的形状千变万化。火烧云一般是红彤彤的。拍摄时，应让火烧云占据画面大部分面积。为了防止画面单调，应寻找合适的前景，也可以寻找水面或者玻璃外立面的建筑作为反光体，从而增加画面的视觉冲击力。

城市中拍摄的艳丽火烧云
光圈：f/2.5 曝光时间：1/100s 感光度：ISO100 焦距：21mm

拍摄夕阳下的景物

　　拍摄风光照片讲究多观察，多发现，走走停停。经常转身观察身后的风景，才不会遗漏任何美景。尤其是一行人一起外出创作时，往往你的一转身，就会拍摄出此行中与众不同的大作。拍摄夕阳下的景物也一样，拍摄时将镜头朝向夕阳旁边或另一侧的风景，经常会有不同的收获。很多拍摄长城的成功摄影家都是利用夕阳下低角度的温暖光线，拍摄出以城墙为分界线的色温各异的一张照片，因为被夕阳照亮的一面明显偏暖色调，而处于阴影中的景物会明显偏冷色调。灵活运用这种技巧，可以将

夕阳下，黄山的石头也被染红，呈现出暖调
光圈：f/6.3 曝光时间：1/250s 感光度：ISO100 焦距：24mm

很多白天看起来色彩平淡的场景，重新进行塑造，从而给观赏者留下全新的印象。摄影师并没有利用手中的相机作假，而是将美景中人们罕见的一面进行剖析和全新的表达。

合理利用前景

　　有经验的摄影师在拍摄时，很善于运用镜头中位于主体前面或靠近前沿的人或物作为前景，这是摄影艺术中一个重要的表现手法。前景在画面中可以是主体，也可以是陪体，它具有烘托主体和装饰环境的作用，并有助于增强画面的空间深度，平衡构图和美化画面，提高作品的艺术表现力。绝大多数的摄影爱好者对于日出或日落的题材有着强烈的兴趣，在大自然恢宏气势的影响下，常常会不由自主地按下快门，但拍摄的照片却往往令人失望。特别是对于一些天高地远的大场景，往往平淡无奇。原因何在？缺乏比较。影友们在遇到画面单一时，可以为日出或日落的画面寻找一个合适的前景，它可以是一位摄影师的背影、山上的一棵古树，或是其他适于画面表达的景物。

在黄山山顶拍摄的日出，层峦叠嶂的山峰构成了画面的前景
光圈：f/8 曝光时间：1/100s 感光度：ISO100 焦距：75mm

黑龙江省扎龙湿地保护区的夕阳
光圈：f/8 曝光时间：1/125s 感光度：ISO100 焦距：105mm

　　在拍摄有前景的日出或日落照片时，要注意前景的亮度，环境光线在很多情况下不利于前景的表现，因此选择前景时也要注意拍摄时机。像这张拍摄于黑龙江省齐齐哈尔市郊区的扎龙湿地保护区的落日照片，有效地利用了前景的芦苇丛和冻结的冰面。在照片的上方呈现出暖色调，夕阳与晚霞交相辉映，树木也都成了剪影。接着往下看，未冻结的水面倒映着红色的霞光，而冻结的冰面则呈现出冷色调。位于画面中间的芦苇，在受光的部分呈现暗黄色，而逆光的部分则呈现出黑色。这样，整张照片不仅在色调上层次清晰，丰富的明暗对比也为画面增色不少。

山景和水景

连绵之势

　　四姑娘山位于四川省阿坝藏族羌族自治州小金县与汶川县交界处，是横断山脉东部边缘邛崃山系的最高峰，常年吸引着无数摄影爱好者来此拍摄。四姑娘山由四座连绵不断的山峰组成，它们从北到南，在 5 公里的范围内一字排开，其高度分别为 6250 米、5664 米、5454 米和 5355 米。这四座山峰长年冰雪覆盖，如同身披白纱、姿容俊俏的四位少女，依次屹立在长坪沟和海子沟两道银河之上。对于这类连续的山脉，我们可以采用视野开阔的横幅画面进行拍摄，这样可以展现山脉的延伸感和山势的连绵起伏。当遇到群山连绵起伏的场景时，还可以在拍摄后对多余天空进行裁剪，以突显山脉的气势。

找到合适位置，拍摄四姑娘山中的三座雪山

光圈：f/8 曝光时间：1/200s 感光度：ISO100 焦距：40mm

V 型三角构图

　　拍摄山景的照片,最讲求层次感的塑造。如果山的形状是不规则的三角形,那么拍摄特写并不是最好的表现方法。这里可以借助群山,拍摄时截取环境中的一部分,让山体呈现层峦叠嶂之势,这样形成的倒三角形构图,不仅使画面更加活泼,也为雪山增加了神秘的气氛。

山峰的层叠构成了倒三角的构图
光圈:f/10 曝光时间:1/800s 感光度:ISO100
焦距:70mm

山顶上的景色

　　摄影师如果能经常和户外运动爱好者同行,就可以拍摄出很多稀世之作。因为户外运动爱好者经常避开一般游人常走的路线,而选择或开发全新的冒险路线,甚至攀登非旅游区的山峰。摄影师如果有这样的机会,一定要携带轻便的器材和大变焦镜头,以便将美景一网打尽。不过,在出行前要按照户外运动者的要求购买必需的户外装备,并选择便于存取器材的摄影包。

雪山山顶上可以拍到不一样的风光
光圈:f/6.3 曝光时间:1/1600s 感光度:ISO100 焦距:40mm

长焦收取山景的片段

在拍摄山景的风光照片时，影友常常认为长焦镜头会派不上用场，其实并非如此。长焦镜头不仅可以拍摄到很远的景物，有利于特殊的构图，还可以起到压缩画面的作用，这样拍摄的山峦照片在形式上就会显得紧凑。为了保持画面的清晰度，拍摄时可以选择便于携带的多节折叠三脚架，并配合快门线来辅助拍摄。

利用长焦镜头拍摄山景的片段
光圈：f/6.3 曝光时间：1/3200s
感光度：ISO100 焦距：120mm

黄山小景片段
光圈：f/5.6 曝光时间：1/125s 感光度：ISO100
焦距：100mm

水景曝光——流动的丝绸

数码单反相机不仅可以凝固高速的瞬间，对于"慢"的记录也是它的拿手好戏。拍摄水景时，如果采用普通的自动曝光模式，效果势必稀松平常，而使用长时间曝光，将水流描绘成顺滑的白色丝线，则会让别人对你的拍摄技术刮目相看。这种水流的拍摄与日常拍摄恰恰相反，要求环境光线尽量暗一些，只有这样才能延长曝光时间，从而让相机记录下水流动的过程。常用的方法是使用相机的光圈优先曝光模式，降低相机的光圈，减少镜头的进光量，从而延长相机的曝光时间。

如果环境光过于明亮，还可以使用灰镜（ND镜）进行减光。这样长的曝光时间显然不适合手持拍摄，因此要将相机固定在三脚架上，以保证照片中其他元素的清晰度。

长时间曝光拍摄岩石上流过的溪水
光圈：f/32
曝光时间：2s
感光度：ISO200
焦距：100mm

小景的组合

　　水是万物之源，只要是有水相衬的景色，都会显得灵动。在拍摄水景的照片时，可以寻找环境中与之相匹配的景色，如岸边的奇石、浅滩、水中长满苔藓的石头，或者在水流中的水草。这张在四川九寨沟拍摄的水景照片就成功借助了水中童话般的色彩，配上漂浮的树干，为整个水景增添了无限的生机。水景小品的拍摄要有主次之分，画面中不要纳入太多的主体。不过，这并不是指不能纳入太多的元素，而是说各个元素要在形式或色彩上有一定的统一性，这样照片组合起来才不会显得杂乱无章。

九寨沟的水景片段
光圈：f/4 曝光时间：1/20s 感光度：ISO100 焦距：17mm

动静对比的小品

　　动静对比，是指利用构图元素之间的动静关系达到突出主体的目的。静中的动，或动中的静，都可以形成对比关系。在拍摄水流与树木的照片中，由于水的不断流动和树木的相对静止，主体显得十分突出。如果画面上全是静止的景致，整体会显得缺少生机活力；如果全是动感的画面，又会令观赏者焦躁不安。只有恰到好处地把握住动与静的关系，才能使画面妙趣横生。为了拍摄动静对比中水流的"动"，就要加强对相机快门速度的掌控；为了让水流动成丝，就要降低快门速度进行拍摄。相反，要是拍摄水花飞溅的画面，就要采用较高的快门速度。

长时间曝光拍摄九寨沟的溪水
光圈：f/22 曝光时间：0.8s 感光度：ISO100 焦距：35mm

形影不离之湖光山色

倒影的有效利用，是风光摄影中的一大拍摄技巧。对于湖光山色的拍摄场景，倒影可以为水面增色不少，但是对倒影的捕捉可并非轻而易举的事情，如果仅靠碰运气，那么拍摄的成功率会很低。其实倒影的影和阴影的影并不相同，倒影是反光表面的成像，简单来说，就是倒立的影子，

这就与我们平时照镜子一样。当景色光照充足，而水面的光线稍弱时，倒影就会清晰可见。相反，如果水面受光过于强烈，那么势必会影响倒影的效果。因此，我们在拍摄湖光山色的美景时，要赶在太阳角度倾斜较大的时候，这样山川的立体影像才能被水面更好地映出。在四川九寨沟拍摄风光照片时，摄影师往往赶在众多游人之前进沟，在海子前等待最佳的光影。

九寨沟的山景与水面倒影
光圈：f/7.1 曝光时间：1/100s 感光度：ISO100 焦距：17mm

水的特写

　　水是一种很单纯的拍摄元素，当它与其他景致相配合时，又可以产生万千变化。当有风吹动水面时，阳光从对面照射水面，可以产生波光粼粼的效果。此时，如果配合星光镜进行拍摄，在水面上大的反光点上就可以形成星光效果。当夕阳西下时，水面的反差也会降低，水的反光显得相对柔和，水波的过渡像丝绸般细腻，使用长焦镜头拍摄特写是最佳的时机。如果在正午或者天色欠佳的时间拍摄水面，可以寻找水面与岸边的纵深角度，通过长焦镜头与合理的构图，突出水陆相结合的延伸感。如果水面平静而且水纯净，配合偏振镜来捕捉水底的景物或者光影，也不失为一个好的拍摄题材。拍摄时要预先对焦，之后慢慢转动偏振镜的前组镜片，直至反光消失，主体景物呈现最佳状态，然后按下快门。

利用长焦镜头表现水面在光线照射下的质感
光圈：f/10　曝光时间：1/250s　感光度：ISO100　焦距：154mm

湖海的大场景拍摄

　　要表现湖海等大场景的壮美，使用广角镜头配合拍摄最为得当。广角镜头的近大远小透视关系非常鲜明，并且收纳的景物多，拍摄的画面具有很强的冲击力。根据湖海等拍摄题材的特点，我们首先要确定画面中将纳入的元素，比如天空中的云彩、飞鸟或太阳、霞光，之后确定湖海中要纳入的元素，如水面、水草、礁石、码头或者渔船。确定后，斟酌每个元素在画面中的结构和比例。如果天空中云层较低，可表现的元素少，那么可以在构图中减少天空的比例，让镜头向下俯视拍摄；如果有向海中延伸的码头，那么摄影师可以接近码头，利用广角镜头近大远小的特性，让码头产生强烈的延伸感。如果画面显得平淡，可以寻找一个小的制高点，大俯角向下拍摄，来剥离画面元素。

湿地湖泊夕景
光圈：f/11　曝光时间：1/60s　感光度：ISO100　焦距：30mm

表现水的色彩

水的色彩千变万化，有可能是地矿物质的影响，也可能是天空的蓝色倒影，还可能是周围美丽景致的再现。把握水的色彩，可谓风光照片拍摄的精髓。在一年的不同季节，一天中的不同时刻，水面都可能呈现不同的色彩。究其原因最主要的就是色温变化对色彩的影响，其次就是周围景物色彩的影响。最好的建议还是早晚拍摄，因为这时水面的受光面和阴影面会呈现出截然不同的色温效果，尤其是使用数码单反相机的日光白平衡模式时，阴影的幽蓝色会让照片增色不少。为了不让水面的色彩过于单调，还可以在拍摄中加入剪影，在拍摄时故意降低曝光补偿，让隐没在黑暗中的前景成为抽象的线条。此时，也可以开启数码单反相机的"反转片"模式，或者"艳丽"模式，强化水的色彩。

九寨沟的海子映射出各种色彩
光圈：f/5 曝光时间：1/20s 感光度：ISO100 焦距：22mm

拍摄水景时相机的保护和清洗

在水边拍摄时，尽量将相机挂在脖子上，避免相机意外落水。有条件的话，还可以为你的数码单反相机购买腕带，这样两带合一，可以在更大程度上保证相机的安全。如果去水流湍急的地方拍摄，可以额外携带一片镜头 UV 保护镜，这样，即使镜片被溅上水珠，也可以立即换上备用的 UV 镜，避免错过拍摄时机。在拍摄落差较大的水景，尤其像瀑布这种场景时，可以寻找顺风的拍摄地点，避免空气中的水雾侵蚀相机。在户外擦拭镜头的 UV 保护镜时，最好使用优质的 3M 擦镜布。在使用前，先掸去上面遗留或粘连的灰尘，避免它们划伤镜片上的镀膜。在湿度较大的水边拍摄后，回到家中，可以使用密封的干燥箱配合中性的硅粒干燥剂对摄影器材进行干燥，避免湿度过大影响数码单反相机的电气性能，同时避免镜头的镜片生霉。

冬日雪景和丰收的秋色

对雪景进行正确曝光

刚接触数码单反相机的影友，通常会依赖相机的自动曝光功能，拍摄时只对焦距和对焦实施手动干预，但这样的方法并不适合雪景的拍摄。数码相机还原 18% 灰的测光方式会使白色的雪在画面中变暗发灰。为了让雪的表面能呈现纯洁的白色，就要在相机的自动测光基础上，增加 1.5 至 2 挡的曝光值，避免雪面变得灰暗，同时保留质感细节。对于雪景的拍摄，重在权衡画面的主题与结构。对于雪在画面中广泛分布的拍摄场景，就要善用光影和层次。如果画面总体倾向于明快的影调，能保证整体的场景的表达，那么，即使高光略有溢出（曝光过度），也属于正确的曝光。

冬日里的林间小路

光圈：f/18 曝光时间：1/60s 感光度：ISO100 焦距：40mm

雪景实拍对比

　　这两张在冬天拍摄的雪景照片就是鲜明的对比。当时天气阴沉，白雪覆盖了树枝与亭子，相机的自动测光误认为场景的亮度过高，于是拍摄出的照片明显曝光不足。这时，按照白加黑减的原则，大胆地在相机自动测光基础上增加 1.5 挡曝光，让整个雪景的层次与色彩正确还原。

冬日里的北京景山公园
光圈：f/4　曝光时间：1/100s　感光度：ISO200　焦距：44mm

在自动测光基础上增加 1.5 挡曝光补偿的拍摄效果

雅致的雪景片段
光圈：f/22
曝光时间：1/100s
感光度：ISO200
焦距：17mm

雅致和宁静

　　冬天是一年四季中最有特点的季节，很多南方的影友在冬季都会不远万里来到东北拍摄雪景，这种拍摄对于他们不仅是照片形式的记录，更是一次震撼的心灵之旅。在皑皑的白雪中，大千世界会变得简单和纯洁，往日的喧闹也会被大雪所覆盖。作为摄影师，就可以利用手中的相机，在这苍茫大地寻找一种特有的宁静和雅致。这时的拍摄，就要在画面中选取暗淡的色调，其中灰蓝色是最有代表性的，其次就是要淡化对比，将一切低反差的元素纳入到画面当中。像这张照片中，将苍茫的林海与平静的河水相配，同时用广角镜头突出前景雪地中的一汪池水，画面既有对比，整体又显得和谐一致。

枝头挂满积雪的山林
光圈：f/10 曝光时间：1/80s 感光度：ISO100 焦距：17mm

枝头的冰雪美景

　　雾凇，俗称树挂，是北方冬季经常可以见到的类似霜降的自然现象，也是极具特色的冰雪美景。树挂是由于雾中无数零摄氏度以下结冰的雾滴随风在树枝等物体上不断积聚冻粘的结果。遇到突降暴雪，也会在短时间内产生类似树挂的美景。有句俗话说"夜看雾，晨看挂，待到近午赏落花"，说的便是雾凇从无到有、从有到无的过程。雾凇奇观让无数游人神往，而最为著名的观雾凇胜地就是吉林韩屯的雾凇岛。每当冬季来临，都会有不少摄影爱好者慕名而来。雾凇与昭昭的雾气交织在一起，宛如人间仙境。对于这种拍摄，一定要做好相机的保暖工作，多准备备用电池，避免数码单反相机因为外界温度较低而罢工。

雪景中的古建筑

　　雪的色彩单调简洁。为了有所对比，可以在雪后第一时间赶往有特色的古建筑群中，在树枝上和地面上的积雪被清扫以前抓紧时间创作。冬季里，古典园林的雪景非常具有表现力，因为传统建筑的色彩鲜明，砖瓦等建筑材料别具一格，在雪中很容易凸显出来。平时构图中的干扰元素，也统统会被冰雪所覆盖。对于雪中古建筑的拍摄，要善于利用前景，无论是覆盖在地面上的白雪，还是具有延伸感的楼梯或者城墙，都要注意寻找其中暗藏的节奏，这样拍摄出的雪景照片才会显得特色鲜明。

枝头挂满积雪的山林
光圈：f/10 曝光时间：1/80s
感光度：ISO100 焦距：17mm

雪与雾的神秘幻境

　　在水汽充足、微风及大气层稳定的情况下，接近地面的空气冷却至一定温度时，空气中的水汽便会凝结成细微的水滴，悬浮于空中，形成雾气。雾的出现以二至四月为多，冬季的清晨也经常出现晨雾，这种独特的气候特点给创作提供了新的契机。传统风光摄影理论认为，有雾的天气会影响照片的画面质量，让画面的能见度和色彩饱和度下降。但对于冰雪摄影，合理运用雾气可以营造一种神秘的气氛。这是一张冬日在长城拍摄的照片，如果天气阴沉并且没有雾气的衬托，画面就会失色不少，光秃秃的天空会让照片显得单调而无趣。

大雾里，拍摄被冰雪覆盖的长城
光圈：f/11 曝光时间：1/4s 感光度：ISO100 焦距：28mm

清晨奇异色温下，雪景照片呈现出不同的色调
光圈：f/5.6　曝光时间：1/45s　感光度：ISO100
焦距：17mm

清晨逆光下的蓝调冰雪

　　冰雪的色彩如果显得单调，可以在拍摄时人为地进行调整。如果需要强调作品的蓝调效果，可以将数码单反相机的白平衡模式设为白炽灯模式，使照片中原本正常的色调偏向蓝色。大量阴影的使用也可以让冰雪中的景致显得典雅和舒展，主要因为阴影会带来强烈的反差，相对于白色的雪面会显出层次。早晚间长长的影子为树木或建筑带来美妙的节奏，因而摄影师都会选择冰雪中的蓝调阴影作为主题来拍摄。

冰雪世界中的树

　　宽广的雪景照片可以显现出风光之大美，而精致的小雪景也别有情趣。相比之下，小雪景的拍摄更容易实现。在冬季，树木都披上了冰雪的外衣后，雪的白色和树干的深色形成强烈反差，给人独特的视觉感受。在拍摄这种场景时，可以采用中景构图，让整个环境显得空灵，之后将树木置于其中，强调孤单的感受。另一种表达方式就是具象地描绘，准确地表现冰雪中树木的枝叶和线条。

挂满积雪的枝叶为冬季带来了别样的美丽
光圈：f/5.6　曝光时间：1/125s　感光度：ISO100
焦距：20mm

秋天的色彩

　　秋天是一年四季中色彩最丰富的季节，也是对于风光摄影最有利的季节。秋天的美是成熟的，它不像春那么羞涩，夏那么坦露，冬那么内向。9 月一到，就有了秋意，风光摄影师便开始规划整个秋天的拍摄行程了，以便抓住 11 月之前的创作黄金期。从入秋到深秋，树叶和其他植物的色彩发生明显变化，有的从淡绿变为墨绿，有的从深绿变为金黄，经过冰霜的洗礼，一些树叶还会变为红色。这种色彩的变化正是影友们镜头所要捕捉的景色。在拍摄秋天的色彩时，我们要把握疏密有致的原则，构图时不要让画面太过饱满，要为观者预留出想象的空间。

秋天里的草原与山林
光圈：f/12 曝光时间：1/120s 感光度：ISO100 焦距：24mm

秋叶的表现手法

　　秋天中最美的就要数色彩丰富的树叶了。接触摄影后，会慢慢发现自己对四季和周围的景物变化变得异常敏感，那么秋叶可算是相当具有感染力的一道风景线。秋天，当树叶还未脱落时，我们选取逆光的角度，拍摄阳光将叶子打透的画面。当秋叶落到地上时，你会发现叶子本身的枯黄色并没有什么出奇的地方。但当你拿起树叶，让日落前的阳光照射过来，会发现叶子的色彩一下子变得鲜亮起来。因此在拍摄秋叶时，一定要绕着树干多走，多观察，找寻最佳的角度。如果自动测光拍摄的画面太过平淡，也可采用减少 1 挡或 1.5 挡曝光补偿的方法。合理运用这种方法，可以让秋叶的色彩显得更加饱和。

秋日里，树叶被染成了金色
光圈：f/5.6 曝光时间：1/320s 感光度：ISO100 焦距：70mm

丰收的家园

　　秋天是丰收的季节,谷物都变成了金黄色。在乡间,成捆的稻草被放置在田地上,加上树林间金色树叶的衬托,远远望去,秋意盎然。拍摄秋天的风光照片时,不要将题材局限于壮美山河。在城镇郊区,一样有着很多有待我们开发的拍摄题材。例如,拍摄秋天中金色的麦浪,可以使用超广角镜头作配合,在麦田中,以一株麦穗为主题,以整个麦田为背景进行拍摄。这样的例子不胜枚举。

金色的秋景与画中的人家
光圈：f/5.6 曝光时间：1/800s 感光度：ISO200 焦距：200mm

落叶的生命力

北方秋天的落叶是一道不可错过的风景。早秋时，落叶洒满地面，犹如一条金色的地毯，分外美丽。这时，我们可以在平时不太留意的山间小路上，或者树木茂盛的树林、河边进行拍摄。黄色的枯叶经常会与绿色的草甸为伍，即使这样拍摄，画面也会显得单调。等到太阳光强烈时，树枝的影子会将地面的落叶分割开来，这是一个绝妙的拍摄时机，强烈的明暗对比加上黄绿色的鲜明组合，即使是枯叶，也一样会焕发光彩。

被枝叶遮挡、充满光影
变化的落叶小景
光圈：f/5
曝光时间：1/250s
感光度：ISO200
焦距：70mm

在不同季节记录同一场景

　　摄影大师们在风光题材上的造诣可谓登峰造极。如果想在摄影技法上有所突破，往往需要打破常规的思维定势。例如，选择在一年四季拍摄同一场景，让照片中记录的片段形成一年中环境变迁的缩影。就像这两张在北京翠湖湿地公园拍摄的照片所反映的，雪景的白色鲜明地体现出季节特征，而春天的绿色和地面遗留的枯黄蒿草，色彩饱和且明度较高，与冬天的静穆形成了鲜明的对比。

分别在冬天和春天拍摄的北京翠湖湿地公园

拍摄草原的元素

　　打破平淡可以说是草原风光拍摄中的要点，因为草原中的景色单一，地势也相对平缓。唯有在其中找到突破点，才能创作出与众不同的摄影作品。摄影师要学会眼明手快，对于草原中的独有元素，如羊群、蒙古包、围栏、厚重的浮云等等一切城市中不常见到的风景，都要非常敏感。首先要以猎奇的心态在画面中安排这些元素，合理布局，完成构图。之后，利用起伏的地势、零星分布的树木，以及草原中特有的光影（太阳经常会被大块的浮云遮挡，光线一时一变），来完成进一步的创作。

盛夏的草原，绿意盎然
光圈：f/4 曝光时间：1/640s 感光度：ISO100 焦距：200mm

281

中灰渐变滤镜下的辽阔草原

　　拍摄草原风光时，天色的因素非常重要。可以想象一下，同样是绿油油的草地，天空中一片惨白和彩云飞舞，拍摄出来完全会是两种结果。为了凸显天空的云层，最有效的方式就是减少照片的曝光补偿，简单地说就是将照片拍黑一些。不过，相机感光元件对光线的记录是均匀的，天空细节得到完美记录的同时，地面就会变得死黑一片，草原中的绿色会变

得暗淡，拍摄出的照片也会缺乏生机。这时，最有效的方法就是使用插片式中灰渐变滤镜。这种采用插片式设计的滤镜可以上下移位，改变渐变的比例，同时可以改变角度来满足不同的构图需求，因此非常适合辽阔草原中的拍摄。

草原的气候瞬息万变，有时乌云压顶
光圈：f/8
曝光时间：1/250s
感光度：ISO100
焦距：17mm

拍摄草原中的公路

　　相比山川河流，草原中的地势平缓，找到好的拍摄位置往往会费尽周折。在乘车的过程中，也尽量让相机处于待命的状态，随时准备拍摄不同寻常的风景。要注意的是，通过侧窗拍摄时，要把握好曝光时间，以免由于车速过快，照片产

生运动模糊。隔着玻璃拍摄经常会让照片中产生玻璃的反光，因此拍摄时，最好让镜头紧贴玻璃。在光线允许的情况下，还可以在镜头前加上偏振镜，以减少玻璃造成的影响。这张照片就是在汽车中透过前挡风玻璃拍摄的牛群横穿公路的情景。由于摄影师第一次前往草原拍摄，对身边景物充满了好奇，在车中也不忘手持相机，这样才产生了这张与众不同的草原风光照片。

透过汽车玻璃，拍摄锡林郭勒草原的公路
光圈：f/5.6　曝光时间：1/125s　感光度：ISO100　焦距：42mm

长焦镜头拍摄山林的片段
光圈：f/8 曝光时间：1/10s
感光度：ISO100 焦距：150mm

山林的形式美感

　　拍摄山林题材的照片，不仅仅要考虑镜头焦段的选择，还应该在拍摄的视角、画面的截取、层次感与线条的把握上下功夫。山林题材中的元素单一，要拍摄出有创意的风光照片，就要把握题材的特点。这里，摄影师利用树木枝叶的色彩点缀，与白色的躯干形成对比，同时抓住白色树干的线条，利用这种形式感来表现。其中，对于利用长焦镜头拍摄的山林片段，我们不要认为摄影师只是想拉近远处的场景，让树林充满画面，因为长焦镜头在这里还起到了一个重要的作用，那就是压缩画面，让景物显得紧凑。

　　相对于长焦镜头的压缩感，广角镜头的张力则可以将山林题材拍摄出汇聚的线条。这张雾灵山风景区的山林照片，是摄影师在乘坐缆车时使用广角镜头俯拍而成的。广角镜头近大远小的透视关系，影响了山林中树木的线条走势，让原本竖直林立的树木变成了汇聚的线条，让观赏者的注意力集中在线条的汇聚点上。同时在画面的底部，摄影师安排了一簇花丛，让照片更加耐看。为了在移动的缆车中将画面清晰定格，摄影师采用了ISO200的感光度，并取景，构图，曝光。在缆车经过树林顶部的一刻按下快门，整个拍摄一气呵成。

用广角镜头从高处向下拍摄山林
光圈：f/4 曝光时间：1/200s
感光度：ISO200 焦距：35mm

用接片的手法拍秀丽的黄山

拍摄全景

　　壮美的风光经常是用普通镜头无法完全收纳的。当摄影师置身于山川之中，心灵受到的震撼会催动食指，下意识地按下快门。然而回放照片时却发现，狭窄的取景根本无法反映宽广的场景。这时，最好的方法就是使用分段组合的方式拍摄全景照片。其中，分段拍摄素材照片，一般采用从左到右逐张拍摄的方法，让每一张素材照片有1/3的重叠，这样，之后的接片软件才能更好地识别。将素材拍摄后，在电脑中通过软件进行自动或半自动拼接，从而组合成宽广的全景照片。对于摄影爱好者，手持拍摄可能无法保证素材照片的精度，在拍摄时可以借助三脚架和带有水平仪的云台。

据题材选用黑白模式

数码单反相机的拍摄模式中通常会包含黑白照片模式。拍摄风光题材时，如果遇到画面形式感强烈，但是色彩干扰因素无法排除的情况，可以通过这种模式来忽略场景中的色彩，以黑白灰的过渡来强调风光的形式感。很多摄影师认为，黑白照片的拍摄难度要小于彩色照片，这是因为在构图时不用太多顾忌色彩的影响，可以将注意力集中在构图和用光当中（就像盲人的听觉都异常发达一样）。黑白风光照片可以说是抽象地表达了客观的世界，让习惯彩色世界的人们一下子回归到了最原始最平静的状态，画面冲击力也因此会加强。采用黑白模式拍摄时，可以同时设置相机的对比度，根据拍摄场景来适当增加画面反差，让影调更加明快。

超越平凡：

第14章

人文纪实摄影技法

什么是优秀的纪实照片

　　什么是优秀的纪实照片？如何在大千世界中选取有价值的场景并拍摄成照片？要解答这个问题，首先要学会判别什么样的照片才称得上是一张优秀的纪实作品。纪实照片的首要因素是画面的内容和主题。优秀纪实照片的内容可以是让人充满想象的，可以是有强烈的矛盾冲击的，也可以是温馨自然的，没有定式，但其表达的内容一定是真实的和有意义的。无论是平铺直叙还是富于创意，不同的表现手法所要达到的目的只有一个，就是让画面中的"故事"在照片观赏者的心中产生共鸣，带来或多或少的感动和思考、发现和回味。

尼泊尔街头抓拍的照片，使用长焦镜头拍摄一位中年女性和她的两个孩子。从画面中可以看出，年龄大些的孩子面对镜头神态自然，摆起 POSE，而年幼的孩子只顾依偎在妈妈的怀里，母亲的眼神则流露出生活的艰辛
光圈：f/5.6 曝光时间：1/160s 感光度：ISO800 焦距：16mm

甘南拉卜楞寺里的僧人们聚集在一起，举行每天一次的辩经活动。画面中虽然人物众多，元素杂乱，但画面中下方的僧人无疑成了视觉的中心。
光圈：f/5.6 曝光时间：1/160s 感光度：ISO800 焦距：16mm

可遇而不可求的成功

要想得到一张成功的纪实照片并不容易，纪实照片的拍摄机会和成功往往是可遇而不可求的。影友们在拍摄时不要背上包袱，逼迫自己一定要在某个时间拍摄出什么样的照片。实际上，需更多的自我要求，将相机带在身上的同时，就拥有了拍摄出一张成功照片的机会。敏锐的眼光和熟练的相机操作不是一天就能练就的，但请大家相信，机会总是留给那些有准备的人。相比其他题材，纪实摄影的成功率可能是所有摄影门类中最低的。保持良好的心态，感受生活，丰富自己，慢慢享受拍摄的过程，才是影友们进行纪实创作的正确态度和最大的乐趣所在。

不干扰拍摄对象

拍摄纪实照片应遵循的原则：一、对拍摄主体存在的状态不干涉、不改变、不编造。二、不破坏环境，拍摄对象应作为环境的一部分而生动地存在。三、真实再现被摄体在时间和空间上的位置。

右图，将相机镜头悄悄伸进车窗，在不惊扰拍摄对象的情况下拍摄。画面记录了一位妇人在逼仄的车厢中小睡，车内设施破旧，条件简陋。照片反映了底层民众的生活现状。

静静拍摄躺在破旧汽车中的妇女

光圈：f/7.1 曝光时间：1/60s 感光度：ISO500 焦距：23mm

考验功力的瞬间抓拍

　　有经验的摄影师在进行纪实创作时，往往把数码单反相机当成自己身体的一部分，在熟练运用相机功能的同时，在抓拍、跟拍和盲拍上下足功夫。不同的镜头拥有不同的视角和透视关系，从取景器中看到的景象不同于人眼所看到的，这种差异在为摄影师的创作带来麻烦的同时，也带来了更多的视觉表达方式。

　　抓拍是纪实摄影中最常用的一种方法，具体操作就是迅速捕捉精彩瞬间，按下快门，定格从取景器中看到的一瞬间的精华。这种技法考验的是摄影师快速决断的能力。要在极短的时间内，让相机的拍摄参数与拍摄画面所要表现的方式一致，同时尽量完美地选取画面的构图和镜头的焦距。而这一切都要建立在保持现场的原始气氛、不干扰拍摄对象的基础之上。

印度一年一度的胡里节，人们互相挥洒着祝福，狂欢的气氛被这张照片中飞舞的
彩色粉末充分渲染出来。摄影师在抓拍这张照片时，人物的动作和形态也充满动
感，时机恰到好处

光圈：f/11 曝光时间：1/250s 感光度：ISO400 焦距：33mm

迷笛音乐节狂欢的场景。摄影师为了抓住这个动态的瞬间，借助了闪光灯的补光，同时使用低角度拍摄，使照片更具有视觉冲击力

光圈：f/9 曝光时间：1/250s 感光度：ISO100 焦距：17mm

马来西亚沙巴州的孩子玩耍时跳入水中的一瞬间

光圈：f/5.6 曝光时间：1/500s 感光度：ISO400 焦距：42mm

深入场景和人物的跟拍创作

　　跟拍是通过长期的观察，从一些琐碎的细节里整理出某些头绪，从而反映真实生活状态的一种拍摄方式。运用这种技法，摄影师首先要做的是观察和感受。按动快门时，已经得到了被拍摄对象的默许，对方已经把摄影师融进了自己的世界，因此没有不自然的感情流露。这种创作方式需要更长的时间和更多的耐心。

摄影师在一场印度歌舞表演的剧场里，悄悄走进了演出的后台，跟拍这些小演员们彩排训练时的真实场景
光圈：f/2.8 曝光时间：1/160s 感光度：ISO1000 焦距：47mm

通过前景虚化的手法刻画一位即将登上舞台表演的小演员，迷离的光影渲染着后台紧张的气氛
光圈：f/2.8 曝光时间：1/80s 感光度：ISO1000 焦距：68mm

光圈：f/2.8 曝光时间：1/80s 感光度：ISO1000 焦距：55mm
在低照度环境下适当提高感光度、快门速度以便抓拍到清晰的影像。

以手代眼 "把握" 盲拍

　　盲拍是一种很随意的纪实拍摄手法，最早出现在欧洲的前卫艺术领域，现在已经被摄影界广泛接受。盲拍经常能诞生意想不到的画面，而更加重要的是，盲拍对被摄对象的影响最小，在他们毫无察觉时，照片已经诞生了。

　　数码单反的出现和普及让曝光和对焦这些曾经很繁琐的操作变得异常简单，拍摄者只要按动快门，就可以完成一张视角和画面不受拘束的、令人期待的照片。而且，数码相机的拍摄张数不受限制，不必考虑成本的因素，这一点使盲拍变得更加普及。此外，盲拍这种创作方式体现了现代摄影人崇尚自由开放的心态，也在一定程度上影响了某些职业摄影师。

摄影师用盲拍的手法，低角度拍摄锡克教信徒参拜胜地的场景
光圈：f/2.8 曝光时间：1/640s 感光度：ISO125 焦距：28mm

在印度胡里节的狂欢现场，摄影师站在一辆汽车的车顶上，将相机高高举过头顶，俯拍狂欢的人群

光圈：f/11 曝光时间：1/800s 感光度：ISO500 焦距：28mm

虚实对比

　　人们往往习惯性地认为拍摄纪实照片景深很大，但许多纪实照片同样需要浅景深的表现手法，让画面的主要部分清晰，让其余部分模糊；让模糊部分衬托清晰部分，清晰部分会显得更加鲜明突出，这就是虚实相间，以虚托实。

　　虚实对比常用的方法有营造景深法和动静对比法。下图是用大光圈控制景深的方法来虚化背景，最大限度地突出主体人物。

用虚实对比的手法突出画面主角——卖鲜花祭品的小贩
光圈：f/2.8　曝光时间：1/1600s　感光度：ISO400　焦距：28mm

动静对比

　　对比，是突显事物存在形态的一种强调方法。动静对比是利用构图元素之间的动静关系，以达到突出主体的目的。比如下图，画面中的主体是"肃穆的老者"，他坐在广场上，呈持续的静止状，而其身后有来来往往的人群，呈动态。这张照片通过以动衬静的方法，使画面具有纪实效果和特殊的情趣。拍摄动静对比的照片时要注意：相机不能晃动，否则会造成画面模糊一片；采用 1/8s 的慢速快门。快门速度宜慢不宜快，因为速度过快，会把行走的人群凝固定格，丧失动感。

通过慢速快门的方式，以动静对比手法呈现静坐的锡克教教徒
光圈：f/32 曝光时间：1/8s 感光度：ISO50 焦距：75mm

摄取最有穿透力的眼神

　　左图，画面中排除了多余事物的干扰，只截取了以小女孩为中心的画面。摄影师的主观倾向很明显，希望将人们的目光集中在这个小女孩身上。她那非常具有穿透力的眼神，充满感染力，一个眼神胜过万语千言。她那耐人寻味的表情，给观者以很丰富的想象空间。图片丰富的感情色彩得益于摄影师选择的角度和画面的安排。

少女回眸，清澈的眼神感动人心
光圈：f/2.8 曝光时间：1/320s 感光度：ISO1600 焦距：75mm

以高角度拍摄孩子的纯真笑脸
光圈：f/2.8 曝光时间：1/320s 感光度：ISO100 焦距：75mm

局部特写以小见大

　　鲜花是印度教的祭品，在印度有专门的鲜花市场，城市的商店里或马路两旁，总有一些卖花的人在不停地织着花环。

　　右图，作者采取独特的视角，通过摄取卖花人的手与鲜花来表达主题。取景时，作者选择较高角度从侧面拍摄。为了突出主题，拍摄者将画面中卖花人的身体进行了舍弃，只保留了辛勤劳作的双手，利用有限的画幅，让画面层次分明，以小见大。

　　纪实摄影可以抓住能表现事物本质的细微之处，以特写方式拍摄下来。它的取景是局部的，从小处着眼，但细节也能打动人，也能拍出精彩。

正在用鲜花制作祭品的双手特写
光圈：f/5 曝光时间：1/160s 感光度：ISO200 焦距：75mm

用特写手法拍摄正在纺线的老者
光圈：f/2.8 曝光时间：1/40s 感光度：ISO640 焦距：75mm

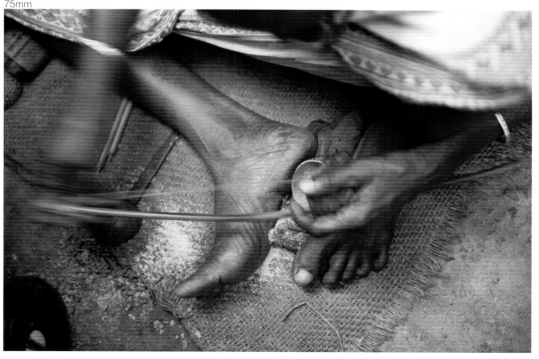

第**15**章

光影随行：

旅行摄影攻略

出行前的准备

制订自助游路书

　　对于身体健康状况较好的摄影爱好者，自助游的拍摄出片率通常会大于团队游（摄影创作团除外）。自助游可以选择公共交通工具出行和自驾车出行。无论哪一种方式，都要事先做好计划或路书，其中内容包括：1.游览景区的介绍和电话。2.路途上的宿地点和电话。3.具体经过的线路及地图。4.当地医院、公安局和旅游局的电话。这里，最重要的就是计划书和路书了，计划书通常要细化到每一天的行程。如果是乘坐公共交通工具进行多地游，还需注明每天的出发时间，以及车站或机场的位置和票务电话。

收集官方及个人的旅游路线图，进行汇总和分析

旅行计划示例：

第一天：大昭寺 — 布达拉宫 — 药王山，步行，住拉萨

第二天：罗布林卡 — 西藏博物馆，出租车，住拉萨

第三天：扎什伦布寺 — 班禅新宫，汽车，南站大巴，住日喀则

得心应手的摄影器材

　　外出旅行时，对相机和附件的可靠性要求更高。在旅行中可能会遇到各种各样的问题，例如在沙滩上，相机快门故障或机身进水，镜头跌落导致 UV 镜碎裂或变形，遮光罩或镜头盖丢失，三脚架管脚被泥沙卡住无法收缩，到达目的地后发现没有携带充电器，没有携带存储卡，等等，数不胜数。因此，在出行前要为自己的器材列一份清单，放在摄影包中，这样既可以带齐所有摄影器材，又可以每天进行清点，以免在旅途中丢失。正常出行时，除了携带单反相机外，还可以借一台同样镜头卡口的备机，或者可以用转接环的副机，避免频繁地更换镜头。此外，尽量选用防盗并且便于取拿摄影器材的摄影包，以及轻便的旅行专用三脚架。

如果行程较长，可以携带两台卡口相同的数码单反相机以防万一

旅行装备详解

　　旅行装备通常分为服装鞋帽和野营装备。好的装备可以让摄影师深入腹地，在拍摄的途中多一份安全和保障。首先要注意的是，对于一些重要的装备，即使购买小品牌的产品，也不可以购买假冒或者仿造的产品，因为这关系到生命的安全和健康。为了可以走得更远，一双好的鞋子必不可少。通常，根据出行的季节和目的地道路状况，可以选择一般徒步鞋或者高帮的登山靴。对于面料，可以选择带有Gore-tex标识的防水透气产品，它可以实时保证旅途中鞋中的干燥，即使下暴雨或者趟过溪水，都不成问题。如果在拍摄途中运动量较大，或者要到高海拔的山区进行拍摄，可以选择Gore-tex面料的冲锋衣和冲锋裤，以及CoolMax材料的速干衣裤和袜子，以保证不会因为衣服被汗湿透而导致感冒或者体温过低。如果雨季出行，最好为相机准备一个专用雨衣，这在各大摄影器材城都可以买到。

购买带有防水透气功能的服装和鞋子，可以应对不同的天气

在旅途中及交通工具上拍摄

在汽车上拍摄

　　在旅途中，很多时间是在前往拍摄地的交通工具上度过的，有时在路过一些景致特别的地点时，由于公共交通工具不能随时停车和自由上下车，掌握一些在交通工具上拍摄的技巧可以带来更多的收获。长途大巴拥有宽大开阔的观景玻璃窗，同时乘客的高度相比公路上行人高出很多，这给拍摄带来很大的优势。在一次川西秋色的拍摄途中，摄影师在大巴中欣赏沿途景色，在车行驶到一个弯道时，正好可以看到窗外美景和车玻璃的反光，于是摄影师以车窗外的风光为测光依据，使用超广角镜头拍摄出身临其境的画面。

在汽车上借助车窗的反光拍摄路边的景色
光圈：f/4 曝光时间：1/1600s 感光度：ISO100 焦距：12mm

在游船上拍摄

　　在旅途中时刻手握相机，才不会与美景失之交臂。旅行摄影构图的原则是，根据拍摄现场的条件，通过元素的合理组合，使用有利的拍摄角度进行体现。不过，在交通工具上拍摄时，对于构图有一定的局限性，摄影师对于拍摄视角的把握会变得更加困难。在湖中游船上，摄影师不仅关注美丽的景色，还时刻注意着其他游船和驾驶员的活动。当游船靠岸时，从水中可以看到码头和另一艘游船的倒影静静地呈现，于是使用对称构图进行拍摄。

在游船上拍摄时，可以携带多片备用 UV 镜，在水花溅湿后可以及时更换
光圈：f/11 曝光时间：1/125s 感光度：ISO100 焦距：16mm

在航班上拍摄

在航班上拍摄时有很多技巧，首先是拍摄机位。如果想得到好的窗口位置，事先要在互联网上查找乘坐机型的座位情况，弄清每排座位距离机翼的远近，如果选取的座位正巧在机翼上方，那么取景构图时会受到很大局限。掌握座位情况后，在更换登机牌时可以选择有利的窗口位置。飞机起飞和降落时在云层以下飞行，可以将地面景物一览无余，遇到通透的天气和壮美的云层，往往可以拍摄到不可多得的风光大作。这里，摄影师在经过云南上空时，看到了壮美的梯田，于是等到云层出现空隙，抓住时机拍摄。

预先了解所乘航班的窗口位置，并且提前办理登机手续，以便得到好的拍摄机位
光圈：f/10 曝光时间：1/250s 感光度：ISO100 焦距：126mm

在低空飞行时拍摄

随着景区建设的完善和生活水平的提高，很多地方开始提供乘坐直升机、动力伞和滑翔机等低空飞行器工具游览的项目。在参与这些项目时，往往可以获得较高的视角，将地面的景物尽收眼底，同时也是拍摄的好机会。在乘坐直升机时，通常前排是拍摄的最佳位置，同时尽量寻找可以开启窗户的位置乘坐，这样就不用担心隔着玻璃拍摄会产生难看的反光了。在其他飞行工具上，要做好相机的固定工作，防止相机意外跌落。

在直升机上拍摄时，最好坐在前排座位，或者可以开窗的座位
光圈：f/11 曝光时间：1/100s 感光度：ISO100 焦距：16mm

特色交通工具

古城中的马车

　　在很多著名的古城景区，都保留着原始的交通工具，供游客进行体验，马车就是其中的一种。这种马车通常都有固定的行车路线，在了解路线后，可以更好地进行拍摄。在拍摄右侧这张照片时，摄影师第一次在城市中看到马车。为了能及时记录，摄影师使用中长焦变焦镜头，在路上行人的空隙中抓住机会进行拍摄。通过大光圈长焦镜头的渲染，照片呈现出前景中的马车实而背景中的马车虚化的效果。但是，照片毕竟只记录了背影，并且马匹不够突出。在了解马车的行进路线后，摄影师可以预先在路线中有特色的建筑或自然环境前守候，等到合适的机会来临，组合构图进行抓拍。

使用长焦镜头，利用大小对比和虚实对比法拍摄马车的背影
光圈：f/3.2　曝光时间：1/320s 感光度：ISO100 焦距：200mm

预先了解马车的行驶线路后进行守候，拍摄时使用广角镜头接近马车，可以在放大主体的同时收纳更多的背景内容
光圈：f/4 曝光时间：1/500s 感光度：ISO400 焦距：12mm

利用宽画幅拍摄西塘中的乌篷船和古建筑
光圈：f/5　曝光时间：1/160s 感光度：ISO100 焦距：60mm

通过开放式构图，拍摄自己乘坐的威尼斯小艇船头和对面驶来的小船
光圈：f/16.3　曝光时间：1/50s 感光度：ISO100 焦距：12mm

水乡、水城中的船舶

　　上方照片中，摄影师在浙江的西塘古镇中进行旅行创作。一早，初升的太阳带来了温暖的色调，让环境中充满了祥和的气氛。在画面中，独特的中式阁楼与木质柱子的回廊建筑，被长镜头的压缩透视效果加工后，密不透风地挤在了一起，其中悬挂的红色灯笼成为画面中最鲜明的亮点。但是，这一片祥和的气氛依然让画面显得单调和乏味，因为相对于这片寂静，缺少了动的元素。于是，摄影师前行数步，将停泊在岸边的仿古游船及其倒影纳入到取景当中，并且置于画面中重心的位置。同时，在照片右侧纳入洗衣服的妇女，但相对于整体环境，只作为点景来出现。这样就组成了在水乡和古建筑背景下的，具有特色内容和生活气息的照片。这里，点景就是利用点缀的方法装饰景点或者景物，使景点更加丰富、生动。右侧这张照片拍摄于意大利的威尼斯水城，摄影师选择贡多拉船头的有利座位，在经过狭窄的水道时，利用广角镜头将船头和雕塑作为前景，将水道和其他船只作为点缀，并且利用建筑作为背景，实现开放式的构图。

旅行中不可错过的景物

利用浅景深的手法虚化背景，通过非对称构图拍摄庭院
光圈：f/3.5　曝光时间：1/1000s　感光度：ISO400　焦距：180mm

将焦点安排在背后的景物上，虚化前景的雕塑和喷泉进行拍摄
光圈：f/3.5　曝光时间：1/1250s　感光度：ISO400　焦距：175mm

园林及庭院

园林是在一定的地域运用工程技术和艺术手段，通过改造地形、筑山、叠石、理水、种植树木花草、营造建筑和布置园路等途径，创作而成的美的自然环境和游憩境域。在这里拍摄时，可以尝试用植物来衬托园林的建筑，让所有元素有机结合。园林景色在城市中较为常见，是摄影爱好者很容易拍到的题材。可以在这里练习用相机对焦、构图、测光和用光等技巧，并且熟悉焦距与景深的成像特性。在使用广角镜头拍摄时，可以先将镜头变焦到广角端，尝试拍摄全景，感受画面的透视关系。之后，再将镜头变焦到最长焦距端，尝试截取园林景致的局部，并且利用背景或前景虚化来装饰画面。或者尝试拍摄具有序列性的画面，强化景物的纵深感。

拍摄泰国皇宫时，利用大光圈镜头虚化背景，
同时调整拍摄角度，营造汇聚线效果

光圈：f/3.5 曝光时间：1/200s 感光度：ISO100
焦距：115mm

拍摄酒店住所

在外出旅行或者度假时，通常预定有特色的酒店，这样就可以足不出户拍摄精彩照片了。预订国内酒店时，可以参考旅行网站上的攻略，也可以直接在携程网或者艺龙等酒店网上参考和预订。喜欢背包徒步旅行的摄影爱好者，可以在 YHA 和万里路网站上参考和预订有特色的青年旅社，体验不一样的地方气息。在酒店中，可以以精致的布景和有特色的建筑为主要拍摄对象。例如，酒店高大的玻璃门、宽敞的大堂、色彩斑斓的后花园等。在地方特色旅社中住宿时，可以以店内的装饰物、晚上的聚会活动，以及窗外的风景为主要拍摄对象。在一些著名景区，如海南三亚的亚龙湾、浙江西塘、湖南凤凰、云南丽江等，酒店和客栈都是当地的一大特色。

外出旅行时，不要错过有特色的酒店和住所
光圈：f/3.2　曝光时间：1/500s　感光度：ISO100　焦距：175mm

在酒店的露台拍摄取景时，突出仿古路灯
光圈：f/5.6　曝光时间：1/60s　感光度：ISO100　焦距：12mm

商店

　　商店和丰富的货品是各地文化的代表，也是旅途中不可错过的拍摄题材。很多商店在店面装饰上就有着独特之处，例如，有以商品形象为代表的雕塑，或者商店的建筑就是卡通形象。其次，橱窗也是商店的一大特色。很多商店都会将自己主打的商品或者得意的手工艺品摆放在橱窗中，并且使用橱窗设计技巧进行布置和规划，摄影师通过中长焦镜头就很容易拍摄到高品质的照片。在拍摄橱窗时，由于室外的光线较为明亮，容易造成较强的反光。在拍摄时，既可以利用反光进行构图，也可以通过镜头前加装偏光镜来消除反光。进入商店后，如果看到禁止拍照的提示，尽量不要违反店内规定，以免造成不必要的麻烦。

在逛一些特色小店时，可以拍摄有特色的商品
光圈：f/4　曝光时间：1/200s　感光度：ISO100
焦距：16mm

在橱窗外，使用超广角镜头贴近玻璃拍摄瑞士巧克力店
光圈：f/5.6　曝光时间：1/20s　感光度：ISO400
焦距：12mm

寺庙

　　无论国内旅行还是出境游，经常有机会去参观一些寺庙。由于建筑风格的不同，以及人文环境的特殊性，这里有着大量的拍摄素材等待摄影师去发掘。在拍摄寺庙时，可以以表现建筑为主，利用寺庙中的元素进行气氛渲染。例如，利用焚香的香炉和冒出的白烟渲染神秘感，利用排列密集的烛台作为前景，等等。在拍摄藏传佛教时，可以尝试一些人文的题材，将前来祭拜的着特色服装的人一同进行拍摄。在僧人允许的情况下，也可以对他们结合建筑进行拍摄。如果想进一步在寺庙中发掘人文题材，可以尝试在寺庙中或者寺庙附近留宿，并且融入到僧人的生活起居当中，这样的照片会更加深入和生动。

利用建筑的阴影作为前景，拍摄承德的外八庙
光圈：f/10　曝光时间：1/160s　感光度：ISO100　焦距：12mm

选择较低的拍摄角度，将建筑拍摄得更高大
光圈：f/9　曝光时间：1/160s　感光度：ISO100　焦距：12mm

利用晒太阳的僧侣来衬托藏庙的高大

光圈：f/4.5 曝光时间：1/500s 感光度：ISO100 焦距：70mm

教堂

　　教堂具有着独特的建筑风格，常见的有圆顶大教堂、华丽的巴洛克风格教堂、高耸的哥特式风格教堂以及简约的基督教教堂。在拍摄教堂外观时，通常要使用广角甚至超广角的镜头，并且利用极低的拍摄视角，才能表现出恢宏的气势。如果有条件，也可以寻找附近的酒吧阁楼或者露台，在较高的位置俯拍教堂外观。如果教堂前方有独具特色的仿古路灯或者雕像，可以利用这些作为前景来丰富照片信息。由于大部分教堂的内部免费开放给游人，有些热门景点的教堂需要排队或者预约。在教堂内部，光线较为昏暗。为了保证照片的成功拍摄，需要设置相机的感光度数值。通常，可以将 ISO 设置为AUTO，即自动模式，让相机自动分析和判断。

拍摄欧洲的教堂时，利用街边的路灯作为装饰

光圈：f/8
曝光时间：1/125s
感光度：ISO100
焦距：12mm

使用点测光模式和自动感光度模式来拍摄教堂内的烛光

光圈：f/3.2
曝光时间：1/160s
感光度：ISO1600
焦距：95mm

拍摄教堂内的活动时，注意光线的使用，并且尽量保持画面的简洁

光圈：f/3.2 曝光时间：1/125s 感光度：ISO100 焦距：70mm

雕塑 & 纪念碑

从发现到精心拍摄

即使是经验丰富的摄影师，也不能保证在旅途中可以一次拍摄出效果最佳的照片。摄影师在欧洲旅行时，忽然发现街角的古建筑以及上面的雕塑非常特别，于是选择仰拍的机位，避开街头的人群进行拍摄。但是，由于主体逆光，以及建筑照度较低，拍摄的照片中天空一片惨白。这时，摄影师重新选择拍摄角度，通过对称的三角形构图进行取景，弹出单反相机的机顶闪光灯，适当增加闪光补偿，降低曝光补偿。再次拍摄后，天空的色彩被完美地还原，同时建筑被相机的闪光灯照亮。

试拍后，根据效果调整拍摄角度和曝光方法，创造出更完美的作品
光圈：f/6.3　曝光时间：1/160s　感光度：ISO100　焦距：12mm

将视野放远

如果旅行的时间充裕，可以寻找城市中的制高点，或者建筑规划的中心点，使用中长焦镜头进行拍摄，将视野放得更长远。众所周知，广角镜头可以带来透视上的冲击力，而中长焦的镜头在表现建筑物和城市气势上并无太多优势。但是，如果场景足够开阔，就可以使用中长焦镜头拍摄中景或者远景，通过镜头成像特性，营造出深远的纵深感，同时利用压缩的透视关系，让照片中的元素显得更加紧密。这里，摄影师以前景的方尖碑为主体，同时利用街道和两旁的建筑营造出深远的纵深感，并且将天空的云层和远处的建筑和树木作为背景来衬托。

寻找制高点并使用中长焦镜头，拍摄罗马古城的街道
光圈：f/5.6 曝光时间：1/640s 感光度：ISO100 焦距：93mm

宫殿

　　宫殿是皇家处理政事或者居住的场所，同时也是最具当地特色的建筑物。在参观和拍摄宫殿时，可以把握住地方特色标志、金碧辉煌、建筑气势和蜿蜒深邃这几个特点。例如，在拍摄北京的故宫时，可以选择门廊作为前景，以后面高大的宫殿为主体进行表现。也可以使用长焦镜头拍摄金色的门钉和房顶的道人神兽等特征。右侧这张照片拍摄的是泰国的皇宫建筑，摄影师锁定了回廊门口的特色雕塑，并且利用前景中曲折的护墙作为装点进行拍摄。下方这张照片拍摄的是法国的凡尔赛宫，摄影师看到金碧辉煌的大门和栅栏，以及当天极好的天色，于是使用超广角镜头，以大门为主体，通过偏振镜美化天空色彩和阶调，以主宫殿为背景进行构图拍摄。

通过前景的石质围栏来衬托泰国的皇宫
光圈：f/10　曝光时间：1/160s 感光度：ISO100 焦距：12mm

在拍摄凡尔赛宫时，利用金碧辉煌的大门和围栏作为照片的前景
光圈：f/10　曝光时间：1/200s 感光度：ISO100 焦距：12mm

博物馆

在旅行中，参观博物馆是必不可少的行程，在那里，我们可以通过展品了解到当地的风土人情和历史。由于展品不同，其中的摄影题材可能包含建筑、静物，甚至纪实。对于陈列普通静物的博物馆，只要使用大光圈的镜头，并在相机中设置感光度，就可以拍摄到清晰的展品照片。为了将展品的说明内容一同记录，可以完成拍摄后再拍摄展品的说明卡片。有些博物馆使用部分自然光进行照明，这会给摄影师带来一定程度上的兴奋。右侧这张照片中，摄影师在博物馆参观时，看到窗口陈列着一尊名人的雕塑，于是借助侧面的窗口光，使用广角镜头低角度取景，在自动测光的基础上降低两挡曝光补偿，让照片中产生明暗对比效果。这样拍出的雕塑形象更加威严和神秘。下面这张照片在拍摄时，摄影师为了凸显画作的高大，在使用单反相机取景后不急于拍摄，而是等待游人稀少时，以讲解员为参照进行拍摄。

结合窗口的自然光拍摄博物馆内的雕塑
光圈：f/5.6 曝光时间：1/60s 感光度：ISO100 焦距：18mm

将博物馆的讲解员与巨大的油画进行大小对比
光圈：f/4 曝光时间：1/100s 感光度：ISO100 焦距：12mm

建筑的内部空间

特色建筑的内部往往更加与众不同。在参观时，只要注意发掘特征和规律，并且拍摄时稍加提炼，就可以得到精彩的大幅作品或小品。这里，先从拍摄小景讲起，关注小景也是锻炼眼力的必修课。右侧这张照片在拍摄时，摄影师正在国家大剧院中参观，在向下张望时，看到楼下休息区中布置着有特色的桌椅，于是使用中焦镜头从上向下拍摄，以地面为背景，将桌椅化成一个个装饰的点和线。下方这张照片在拍摄时，摄影师看中了玻璃外立面建筑的内部支架排列次序，于是尝试各种构图和表现形式。首先，尽量保证背景建筑的完整，避免出现被前景遮挡的情况。之后，让前景中尽量出现一条水平线，以保证画面的稳定。最后，前后移动进行取景，让画面中尽可能多地出现玻璃外立面来丰富画面。

在国家大剧院中，在较高的楼层向下取景拍摄
光圈：f/4　曝光时间：1/30s　感光度：ISO100　焦距：50mm

以独具特色的玻璃外立面建筑为主体进行拍摄
光圈：f/10　曝光时间：1/160s　感光度：ISO100　焦距：12mm

使用明暗对比的手法拍摄圣保罗大教堂内部
光圈：f/4.5 曝光时间：1/15s 感光度：ISO800 焦距：18mm

拍摄户外旅行

　　近些年，随着城市的不断发展和扩张，以及生活节奏的加快和生活压力的增大，很多人为了调节身心，开始了户外的旅行和度假。无论是周末还是假期，都愿意走到大自然中去倾听原始的呼唤。休闲户外活动中通常有徒步、登山、攀岩、溯溪、野营、野炊等，通过一些互联网上的户外论坛组织，就可以了解装备信息并参加有组织的活动。参加户外旅行可以扩展摄影师的拍摄题材，这里不仅具有风光题材，还有花卉、纪实和小品题材，甚至动物和生活的内容也有待挖掘。在户外旅行中，推荐使用可以与登山包相结合的胸前摄影包，或者腰包式摄影包，以便于器材的取放。在拍摄时，可以以有特色的路牌、营地中的活动和事件、天气的变化以及有特色的景点和道路为素材，使用拍摄技法进行加工和艺术创作。

利用浅景深的手法虚化背景，拍摄旅途中的路牌
光圈：f/3.2　曝光时间：1/1000s 感光度：ISO100 焦距：35mm

在户外旅行时，可以使用胸包来携带摄影器材

以帐篷为前景，远山和云层为背景，拍摄露营的营地
光圈：f/5　曝光时间：1/160s 感光度：ISO100 焦距：105mm

户外旅行中，要注意摄影器材的保护，最重要的就是防磕碰和防水，因此要随时将单反相机挂在脖子上，或者使用锁扣将其固定在背包带上，防止上山或者肢体动作较大时受到磕碰和外力冲击。此外，最好为单反相机配上专用雨衣，或者选择带有防雨罩的专用摄影包，避免相机和镜头进水。

在户外拍摄时，可以广泛使用自然与人文场景相结合的方式，也可以利用风光摄影的技巧，在取景时加入人文的内容。在拍摄右侧这张照片时，摄影师看到横跨小河的铁桥后，决定使用超广角镜头在桥头守拍。首先在取景时让相机取景器中充满桥头的铁柱，之后，等到服装色彩鲜艳的旅行者通过的一刻，及时按下快门拍摄。下方这张照片中，摄影师发现云层在高原中的位置很低，甚至在黑色的山体半腰中飘浮，于是立即使用相机构图，排除阴霾的天空，等待旅行者到达最佳位置时进行拍摄。

在小桥旁预先构图，等待时机进行拍摄
光圈：f/5 曝光时间：1/40s 感光度：ISO100 焦距：16mm

以远山和云雾为背景，拍摄徒步旅行者的背影
光圈：f/4 曝光时间：1/400s 感光度：ISO100 焦距：105mm

旅行中不可错过的人物

使用长焦镜头营造石墩的纵深感，在不打扰被摄者的前提下进行拍摄
光圈：f/2.8　曝光时间：1/640s　感光度：ISO100　焦距：155mm

年长的当地老人

随着世界人口的老龄化，在旅行中遇到老年人的概率也越来越大。由于当地的老年人通常保持着古老的生活习惯，并且身着传统的服饰，可以作为一个特色进行拍摄和记录。老年人通常性情和蔼，因此在拍摄时也避免了一些沟通上的麻烦。在拍摄老人时，可以从人文的视角关注他们的生活，比如拍摄劳动中的画面，或者捕捉一些生活的气息。如果老人的服饰或者表情非常有特色，也可以尝试拍摄人物的特写镜头。左侧的照片拍摄于法国巴黎的街头，一个老妇在家人陪同下外出散布，由于劳累，坐在一个石墩上休息。摄影师在看到她那有特色的服饰和手中的雨伞后，赶忙调整构图，让背景中呈现夕阳的景色，同时让地面上的石墩呈现纵深排列状进行拍摄。下方照片拍摄的是尼泊尔一位晒太阳的老者，他头戴具有当地特色的花帽，倚坐在古老的木质门柱旁，太阳照射在他的脸上和手上，勾画出了苍老的皮肤和皱纹。于是，摄影师选择人物的侧面，在不打扰他的前提下捕捉到自然的神态。

在被摄者的侧面进行取景和拍摄
光圈：f/3.2　曝光时间：1/1600s　感光度：ISO200
焦距：200mm

有性格的儿童

在旅途中，可以通过单反相机拍摄孩子的童真和童趣。由于孩子对世界充满了好奇，往往会对着装有特色的摄影师产生兴趣，同时也经常会盯着摄影师手中的相机发呆。只要能保证拥有几秒钟的停顿，就可以利用机会进行抓拍。通常在少数民族地区或者异国他乡拍摄的孩子更具特色，不仅从服饰和装扮上，从神态中也可以发现与本地孩子的不同之处。通常儿童分为害羞型和主动型两种，遇到害羞的孩子，就需要在他发现你之前进行抓拍；遇到主动型的孩子，他会上前来一看究竟，那么，就要在他完全走近时和离去后抓住机会进行拍摄。如果前往不发达的地区，还可以购买一些文具和糖果，在拍摄后发给他们，这不仅是一种关爱，也是继续发掘拍摄题材的机会。这张照片拍摄于欧洲的街头，摄影师看到一对夫妇带着一个金发碧眼的孩子，首先下意识地拍摄了一张广角的画面，紧接着调整镜头的焦距，准备拍摄，但是孩子没有回头。最后，抱着一线希望进行等待，利用广告牌为背景，拍摄到了孩子的正面。

慢慢跟随和接近被摄者，在最佳的瞬间进行拍摄
光圈：f/4.5 曝光时间：1/250s 感光度：ISO400 焦距：96mm

士兵 & 警卫

在境外旅行时，经常会看到身着特色服装并且手拿武器的士兵和警卫，尤其是参观一些如皇宫、政府大楼或者具有重要宗教意义的场所时。有些国家对于士兵的管理严格，同时对于相机较为敏感，因次在拍摄时要适当进行了解，否则会造成不必要的麻烦。曾经听说一位在缅甸旅行的摄影师，因为拍摄了士兵的照片，被用枪口指着脑袋，勒令删除拍摄的照片。不过，如果其他游人相继进行拍摄，往往说明对拍照有一种默许。左侧照片中，摄影师拍摄了泰国皇宫的镜头，其中不仅有独具特色的大象雕塑，还有身着白色上衣和特色帽子的士兵对大门进行把守。摄影师看到很多游人与站着一动不动的士兵进行合影，并且没有遭到拒绝。因此也走上前去，使用广角镜头以低角度拍摄士兵和建筑巍然耸立的效果。下方照片中，摄影师在法国巴黎圣母院门前拍照时，看到几个士兵在巡逻。为了不打扰他们，他使用了长焦变焦镜头，从测面进行抓拍，并且突出他们手中的武器，为照片营造声势。

在异国他乡，可以拍摄身着特色服装的士兵或警卫
光圈：f/4 曝光时间：1/400s 感光度：ISO100 焦距：12mm

在傍晚的巴黎街头拍摄荷枪实弹的士兵
光圈：f/3.2 曝光时间：1/640s 感光度：ISO400 焦距：200mm

小商贩

　　商贩为了卖出东西，想尽办法推销自己的产品，无论是在路边的地摊上展示商品的奇特性，还是在有限的摊位上摆满了展示品，这些都是旅途中经常会看到的情景。在国内，旅行途中经常会看到售卖特色产品的商贩，例如在山区会遇到卖皮毛或者山珍的人，可以将他们的特色商品和交通工具进行组合拍摄。在南方地区，卖水果或者手工艺品的商人居多，可以利用这些特色来拍摄。除非店主非常愿意拍摄，一般情况下还是避免与小商贩正面接触，这样，拍摄的机会会更多。可以在其他游客选购商品时，或者在商贩专心整理和码放商品时进行抓拍。如果不容易接近被摄者，可以用单肩背负单反相机，用半个身子遮挡相机，装扮成路人并且不要正视商贩，这样就可以与他足够接近，之后再找准时机进行拍摄。如果实在无法避免正面接触，而且眼前的画面非常精彩，那么可以尝试在拍摄前或者拍摄后购买一些商贩的商品，这样就会创造更多的拍摄机会。也可以让同伴上前询问和购买商品，摄影师自己专心来拍摄。

使用长焦镜头拍摄尼泊尔街头贩卖水果的人
光圈：f/3.2　曝光时间：1/640s　感光度：ISO800　焦距：160mm

街头艺人和表演

　　在国内旅行,遇到大型的活动时,经常会看见表演的艺人,例如地方戏和社火、各种乐器演奏、人与动物的表演,以及一些杂技和手工艺展示。由于地方特色的不同,还能看见龙嘴大茶壶、姜糖制作、麻糖制作以及捶制年糕等民间特色饮食制作表演,这些都是拍摄的好机会。对于商家拉拢客人的表演,拍摄起来更加容易,商家为了聚集人气,也不会在意摄影师的围观和拍摄。但是,在国外看到一些街头艺人时,为了避免纠纷和麻烦,最好选择不容易被发现的地方,或者混在人群中进行拍摄。除非拍摄后付钱给他们,拍摄往往会招致这些街头艺人的不满。

从侧面拍摄街头的艺人，画面较为单调
光圈：f/3.2　曝光时间：1/250s 感光度：ISO400 焦距：200mm

从正面进行拍摄，让远处大桥和河水成为艺人的背景
光圈：f/2.8　曝光时间：1/800s 感光度：ISO400 焦距：200mm

街头橱窗边贩卖手工艺品的妇女
光圈：f/3.2 曝光时间：1/640s 感光度：ISO400 焦距：120mm

身着特色服装的人

异域的服饰用品一直是摄影师关注的题材，包括服装上的饰品，以及有特色的生活用品。左侧这张照片中，一个北欧萨米部落的人为游客展示当年游牧生活中，如何驯养鹿的方法。他身着传统的长袍，腰间别着鹿皮的袋子和刀套，手执绳索，边介绍边用绳索套住模拟的鹿。摄影师边听讲解边构图拍摄。上方这张照片中，摄影师看到古董店外有三个身着特色服饰的妇女，坐在台阶上，边兜售工艺品边聊天。为了不打扰被摄者，摄影师在眼前的工艺品市场中，佯装在拍摄货物，并且在几个妇女姿态自然的情况下，迅速使用单反相机进行对焦和抓拍。

手持绳索展示如何套鹿的萨米人
光圈：f/4 曝光时间：1/200s 感光度：ISO100 焦距：16mm

黑暗中的演绎：

第**16**章

夜景摄影特殊技法

夜景测光的奥秘

夜景摄影首先要解决正确曝光问题。夜幕下，画面中大部分区域往往笼罩在黑暗中，这时可以选择点测模式，选择主体最亮到最暗的过渡区域，也就是亮度适中的区域作为测光的依据，尽量保证主体曝光正确。对于夜间较亮的场景而言，最大的危险在于较亮区域曝光过度，不显示细节，而明亮的区域往往充满有趣的色彩。这时，DSLR 的 LCD 屏幕回放功能可作测光的参考，如发现曝光过度，利用曝光补偿功能，可以获得较准确的曝光。此外，为了保证万无一失，还可以进行包围曝光，即对同一场景以不同曝光值多拍几张。

选择最佳拍摄时机

大部分夜景照片都是由黑暗的天空和五彩的灯火组成的。其实，黑暗的天空可以被傍晚美丽的天色所取代。拍夜景中的建筑物时，如在黑天拍摄，不容易表现出建筑物的轮廓；可选择太阳刚下山，天色还泛蓝时拍摄。此时华灯初上，灯光和天空的余晖交相辉映，拍摄可取得最佳的画面色彩。

另一个方法是在同一张画面上曝光两次（部分数码单反有此功能）。夕阳西下时一次，这是为了拍清楚建筑物的轮廓和天空色光；天黑后曝光一次，把灯光拍下来。二次曝光使最终的画面上有更多的细节表现。注意，拍摄时需要一个超级稳定的三脚架。

还要注意：利用傍晚时间进行夜景摄影，不需准确设定白平衡。因为建筑物或景物的泛光灯所产生的光线，在感光元件上能呈现比肉眼所见更为艳丽的色光，傍晚时分的天空在感光元件上也能表现出更为亮丽的色彩。如果采用自动白平衡调节，反而会丧失景物艳丽的色彩。

傍晚时分拍摄，有灯光，更有美丽的天空
光圈：f/4.5 曝光时间：1/20s 感光度：ISO400 焦距：17mm

光圈：f/8 曝光时间：8s 感光度：ISO100
焦距：24mm

车流的美妙线条

车流是经典的夜间拍摄对象。捕捉车流如织的景象，首先要把握几个因素：稳定的三脚架、理想的拍摄对象——双向车流、均衡的流量，以及最佳的拍摄地点。一般选择较高的拍摄位置，以便察看车流形成的光线图案。

首先把相机固定在三脚架上，然后选择手动挡，把 ISO 调到最低，把光圈设置到中间值偏小，这样可以延长曝光时间，确定测光模式，用点测光获得正确的曝光。

进行拍摄时，曝光时间通常在 10 秒以上，这样车灯才能滑过相当的距离。具体要几秒可以自己试，每次曝光后都在 LCD 上查看，感觉捕捉到的的车流亮度及效果合适就可以了。

在立交桥上拍摄车流
光圈：f/20 曝光时间：5s 感光度：ISO100 焦距：19mm

拍摄车流照片，通常采用高角度俯拍，但偶尔也可以打破常规，尝试采用低角度、近距离拍摄。比如从马路的侧面拍公共汽车，大车的灯位置高，低速快门下，大车的灯光被拖拽成一条条迷人的光带，同时公共汽车本身由于行进速度快和亮度低，会变成"透明体"，使画面产生奇幻效果。

从近距离、低角度拍摄车流和立交桥的美景
光圈：f/18 曝光时间：30s 感光度：ISO100 焦距：11mm

两种星光效果的演绎

寂静的夜晚，街道上的几盏路灯
光圈：f/8 曝光时间：6s 感光度：ISO100 焦距：35mm

小光圈营造星光效果

　　拍摄城市夜景，有许多夜景摄影中的经典技巧不妨一试。例如，单反相机在使用小光圈拍摄灯光时，夜景中的点状光源会在影像中形成美丽的星光效果。获取星光效果的必要因素：1. 缩小光圈，使用尽可能小的光圈，光圈越小，效果越明显。2. 场景中有强烈的点光源。 使用小光圈获得星光效果的方法非常简便，点状光源所形成的星光光芒，其线条一般超过10根，长度和密度得体，线条的边缘部分虚柔悦目，富有光感。缺点是使用过小的光圈会降低画面的质量，有时效果不够好，夸张强烈。

星光镜营造星光效果

　　获得星光效果的另一个方法是为镜头安装专用的星光镜。星光镜可以改变进入镜头的光线构成，取得光芒四射的星光效果。星光效果是因星光镜表面蚀刻的网状细线而产生的。由于细线的数目和细线构成的图案不同，会产生米字状、六星状或十字星状等不同的星状闪光。旋转星光镜，还可以改变星光图案中光轴的方向。

　　使用同一种星光镜，拍摄方法和对象不同，会使星光效果发生相应变化：用长焦镜头拍摄，光芒粗大；用短焦镜头拍摄，光芒纤细而清晰；拍摄时光圈越小，星光效果越强烈；光点越小越亮，光芒效果越好；暗背景会使光芒十分耀眼；有意识地减少曝光量，可以压暗背景，使星光效果突出。

　　需要注意的是，星光镜虽然可以带来夸张的星光效果，但同时使画面增加了人为雕琢的痕迹，用得过多会给人千篇一律的感觉，缺乏新意。

埃菲尔铁塔的夜景照片，使用星光镜突出星光效果
光圈：f/22 曝光时间：1/15s 感光度：ISO100 焦距：35mm

演绎水光夜景

　　江南小镇的夜景，值得一提。夜幕降临，街灯和建筑的装饰灯次第亮起来，迷离的灯光映衬着古老的街道，浮光掠影，仿佛是旧电影中的桥段。站在古石桥上，脚下是流淌的运河，两岸是沧桑的阁楼，灯光笼罩的古老街景倒映在河中，有一种时光交错的感觉。

　　拍摄水面倒影会使照片增色，构图上应掌握：较远处的倒影与实景几乎是等大的；靠近的倒影，则因视点高度的不同而异。两种星光对称构图使人感觉丰满、均衡，但不宜将倒影放在画面正中，形成全对称，应略偏某一边，使构图在统一均衡中又有变化。

　　下面的照片是作者拍摄的乌镇夜景，湖水把夜色下岸边店铺的灯光映衬得非常美丽。作者通过对曝光时间的控制来影响湖面的质感和色彩的变化。针对倒影里亮度适中的部分进行点测光，运用 15 秒的慢门，刻画出美妙的水镇夜景，不但富有质感，而且色彩含蓄幽丽，具有抽象美。

乌镇夜景

光圈：f/22 曝光时间：1/15s 感光度：ISO100 焦距：35mm

拍摄国庆节的焰火
光圈：f/22 曝光时间：1/15s 感光度：ISO100 焦距：35mm

焰火的拍摄方法

在节日里，焰火是影友们不能错过的拍摄对象。首先要选好拍摄地点，比如建筑物的制高点。要提前赶到拍摄地点，将相机固定于三脚架上。因为在拍摄烟花时，曝光时间较长，相机的任何移动都可能使照片模糊。拍摄烟花的最佳时机是燃放开始的时候，在第一组烟花燃放时拍摄，画面干净漂亮，没有烟雾的影响。随后，由于焰火形成的烟雾难以很快散去，会影响后续照片的拍摄效果。

在拍摄操作时，不要使用相机的自动测光功能，否则曝光会出现过度的情况，使画面失去本该有的细腻表现。在使用手动功能时，可以根据自己的选择进行调节，光圈 f/8、曝光时间 2s 就可以基本还原焰火的美丽，而曝光时间的长短则决定着焰火尾部的拉线长度。对焦方面，可将焦距设定为手动对焦模式的无限远，这是因为无法事先知道烟花将在哪个位置开放，无法预知焦点。烟花拍摄中影响画质的因素还有感光度，应选择较低的 ISO 值。

胡同中的奇异色彩
光圈：f/5.6 曝光时间：8s 感光度：ISO100 焦距：16mm

白平衡的选择

　　进行夜景摄影时，如果不调节白平衡，错误的白平衡在感光元件上能呈现比肉眼所见更为艳丽的色光；如果采用自动白平衡，反而丧失了景物艳丽的色彩，使影像平淡无奇。

　　很多人都喜欢暖色调的灯光，尤其在节日中，暖暖的夜景能衬托出温馨的气氛。这时，可把白平衡设置为日光模式，日光模式能强调橙色，使画面呈现暖暖的色调。在现代摄影中，许多人追寻一种冷调的气氛。在水银灯光线条件下拍摄夜景，将白平衡设定为白炽灯模式，就可以得到这种效果，画面中的天空和荧光灯等都会呈现蓝色调。

　　夜晚的光线组成复杂，影友们可以尝试不同的白平衡设置并进行试拍，然后通过数码相机背面的 LCD 显示屏，看不同白平衡的效果，选择自己中意的设置。

寻找更高的拍摄点

夜景摄影讲究拍摄地点的选择。炫目的灯光是进行夜景拍摄的前提条件，选择地段应是灯光集中、车辆集中、楼房集中且具有某些特点的地方。机位前最好没有遮挡物，比如前景可选择水面、马路，中远景有灯火辉煌的建筑群，这样的夜景层次丰富，色彩艳丽。节日期间拍摄夜景更好，因为建筑物和街道都增添了彩灯和霓虹灯，夜景画面显得更加绚丽。

如果想拍摄大场面的夜景，应选择一个制高点，此时，只有繁忙的车流和布满灯光的街景。鸟瞰城市，绚烂的夜景会让人产生莫名的感动。选择一个位置比较高的机位，比如某栋高楼的顶层、电视台的电视塔等，用高角度拍摄来展示夜景宏大的场面。有些制高点并不容易有拍摄机会，很多大厦不允许摄影爱好者进入和上楼拍摄，这时要拿出点非常规的办法，争取拍摄机会。

北京 CBD 夜景照片
光圈：f/3.5 曝光时间：1/8s 感光度：ISO800 焦距：22mm

在室内利用框式构图拍摄

　　拍摄夜景，可以利用框架式构图手段，强化画面效果。当确定拍摄的主体后，可通过多方观察，以近处的门窗等形成的框架作为前景进行构图拍摄。所选择的框架不一定是对称形状的，也可以是不规则形状的。

　　框式构图把拍摄主体——城市夜景安排在框架中间，十分自然地使主体成为视觉中心，能把观众的视线引向框架内的夜景，起到了突出主体的作用。左图采用了框式构图，作者将窗户也拍在内，为观看者游离的目光制造一个心理上的"框子"。由于右上、右下都有窗框，这种构图达到了限制观者目光的效果。另外，边框处在暗部，同亮部的主体形成明暗反差，增加了画面层次，在视觉上强化了画面的空间纵深感。

从建筑物内部拍摄 CBD 夜景，利用框式构图模式

光圈：f/3.5 曝光时间：1/10s

感光度：ISO800 焦距：16mm

利用广角透视刻画建筑

　　运用广角镜头拍摄夜景中的建筑群，镜头视角大，视野宽阔，从某一视点观察到的景物要比人眼在同一视点所看到的大得多，能有效地表现建筑群高耸的气势。广角镜头还能强调画面的透视效果和空间感，夸张前景和建筑群的远近感。有经验的摄影师就是利用广角镜头的这些特点，将被摄体作适度的变形，从而把人们熟视无睹的一些建筑拍得不同寻常。

　　用广角镜头拍摄建筑时，会出现强烈的透视变形，出现下大上小、近大远小、近高远低、近长远短等效果。很多摄影师以此为灵感进行创作。只要你离建筑主体够近，镜头焦距够短，就能拍出带来一定视觉震撼的好照片。这些照片的共同特点是，建筑外形的直线变成斜线，建筑主体中本来垂直于水平面且相互平行的线条，此时都隐约向画面上方的某一点处汇聚，透视感戏剧性地增强，从而产生一种似乎有很大纵深感的错觉，使人倍感建筑之高。如配以仰拍角度，给观众留下的视觉印象会更深刻。

使用广角镜头从低角度拍摄建筑夜景
光圈：f/3.5 曝光时间：1/15s 感光度：ISO100 焦距：16mm

演绎五彩霓虹灯

　　夜间摄影能够将寻常的景物转换成绚丽的图像，例如，城市中的广告牌，白天并不是什么迷人的拍摄对象，但是在夜间，它就像是一座灯塔。

　　霓虹灯拍摄取景时，要注意景别变化。除了拍摄远景以外，还可以适当拍摄中景、近景。远景更适合表现五彩霓虹灯所处的周围环境特点，如果有人物点缀其中，可增加画面的情节性。而近景则更适合表现霓虹灯本身的色彩块面以及质感，可起到放大形象、突出细节的作用。拍摄时，如果场面较大，内容丰富，适合用广角端拍全景。如果表现抽象的画意效果，可利用中焦或长焦端拍摄近景。拍摄霓虹灯时应该注意：测光时，为突出霓虹灯，隐去建筑物的细节，应对准霓虹灯，进行点测光拍摄。

纽约夜景
光圈：f/2.8 曝光时间：1/50s　感光度：ISO2500 焦距：50mm

在拍摄时寻找前景进行构图

拍摄夜景最忌讳的就是黑色的面积占画面太大比例，那样会显得画面太暗且空洞。所以构图取景时，尽量让有光亮的前景占画面一定比例，可以远近结合、虚实变换，增加画面的纵深感和层次感，防止黑暗面积过大造成画面的单调。

夜景画面中除了灯光及光照景物外，其余部分均深暗无光，因此前景的选择很重要。前景必须选择发光体。如图，怎样为璀璨的港湾夜景增加表现力？怎样表现灯海萦绕的岸边高楼大厦？运用灯光装饰的船只作为前景，使前景的光影与港湾夜景建立联系，对主体有很好的影调衬托作用，画面非常讲究。

拍出夜景的特点，可以利用光影的重复和对比，通过合理夸张的手法，烘托出夜间气氛，创新夜景构图。在夜景画面的调子组合中，最常见的是前景／暗调，主体／亮调，或前景／亮调、主体／暗调，通过前后景物的影调衬托进行拍摄。

香港维多利亚港夜景
光圈 f/5.6 曝光时间 1/15s 感光度 ISO400 焦距 40mm

第 17 章

体会细节之美：

花卉摄影详解

花卉题材的拍摄时机

花卉摄影对天气的要求并不是很高，一天中的不同时间，可以拍摄出风格不同的效果。早晚的光线相对柔和，花丛中的反差小，即使在阴影中，花朵细节依然隐约可见。早晚由于太阳角度低，花朵的影子也会被拉长，拍摄时的构图也可以相对灵活。阳光强烈的中午，环境中的反差会特别强烈，花卉的色彩也会非常艳丽，照片的情调也会与早晚截然不同。在中午拍摄花卉时，可以通过巧妙地构图，利用大光比的特点，让拍出的照片背景更简洁。阴天时拍摄的花卉照片，整体气氛会更凝重。如果有雨滴打在花瓣上，照片会因此变得栩栩如生。这也是很多摄影爱好者利用喷壶甚至吸管为花卉增加水滴的原因。

路边捕捉的一朵小野花
光圈：f/4　曝光时间：1/60s 感光度：ISO100 焦距：140mm

从上向下拍摄花朵

很多摄影爱好者刚刚接触摄影时，都是从拍摄花卉开始的，而最常拍摄也是最容易拍摄的方法就是俯拍花朵，这也是大多数人观察花卉的视角。

花卉摄影最基本的构图方式就是主体突出，造型优美。拍摄时选取的角度、线条、前景和背景的处理都是画面的决定性因素。常见的花朵体积虽小，但对于光影和色彩的表现却不亚于宽广的风光题材。将花卉题材进一步地剖析、观察和拍摄，对于之后其他题材的拍摄会有相当大的帮助。因此，不要小看从上向下拍摄的这张花朵照片，它虽然角度平常、画面对称，但却代表了常人的视角。而在未来的拍摄中，我们可以以此为基准，寻找各种不常见的视角，通过智慧和灵感去发现大自然中隐藏的美丽。

花型叶貌的侧面体现

花卉照片的拍摄方法可以根据具体情况而定。对于枝干修长的花朵，采用侧面拍摄可以凸显它的特征和气质。在拍摄时，如果对画面元素的取舍拿捏不定的话，可以采用减法技巧来拍摄，例如先拍摄花卉的全貌，尽量采用小光圈，之后，通过变焦或者将相机向前移动，靠近花卉，来收缩构图的范围进行拍摄，这样在多次拍摄中进行对比，直到环境对花卉主体起到绝对的衬托作用为止。这张照片在拍摄时采用了侧面平视的角度，构图时将花朵主体放在左上方，凸显出勃勃的生机和向上的生长势态，同时加入了几株含苞待放的花朵，起到点缀画面、避免呆板和直白的作用。

从侧面角度拍摄的长形花朵
光圈：f/2.8 曝光时间：1/80s
感光度：ISO100 焦距：200mm

从正上方拍摄花心
光圈：f/6.3 曝光时间：1/500s 感光度：ISO200 焦距：100mm

前景虚化结合背景虚化

为了塑造花卉的唯美形象，合理控制景深是首先要掌握的技巧。景深主要是通过焦距、光圈及拍摄距离来决定照片中的虚实。虚实对比是常用的摄影构图技法，合理安排画面中虚与实的元素，不仅可以突出花卉主体，同时可以利用虚化的元素起到衬托作用，为花卉主体增色。控制景深并不难，在拍摄时只要掌握对花卉对焦后锁定对焦点重新构图的方法，就可以全面控制画面的虚实。最常用的方法就是背景虚化。由于对前景的对焦，背景会因焦距、光圈和拍摄距离的影响而虚化，然而前景和背景都虚化，就需要在背景虚化的前提上，让镜头尽量贴近前景的花卉。这种技巧要在拍摄中反复实践才能掌握。

路边捕捉的一朵小野花
光圈：f/4 曝光时间：1/60s 感光度：ISO100 焦距：140mm

用微距镜头拍摄花蕊

拍摄花卉题材时，如果为数码单反相机配备一款微距镜头，真可谓是无往不利。微距镜头的焦距通常在90mm到150mm范围内，并且焦距固定，这是微距镜头的一大特征。相对于长焦镜头200mm或300mm的长焦端，微距镜头并不占优势，但是它最大的特点就是最近对焦距离短，在焦距相同的情况下，以极短的对焦距离可以贴近花蕊进行特写拍摄，同时产生强烈的焦外虚化效果。专业的微距镜头具备1：1放大倍率，简单来说，就是画面的取景范围可以与数码单反相机感光元件的尺寸相当。对于APS幅面的数码单反相机来讲，具备1：1放大倍率的微距镜头可以让一朵野菊花的花朵充满整个画面。对于花蕊的拍摄，使用微距镜头，担心的不再是画面虚化的问题，而是如何控制景深，保证画面主体清晰的问题。

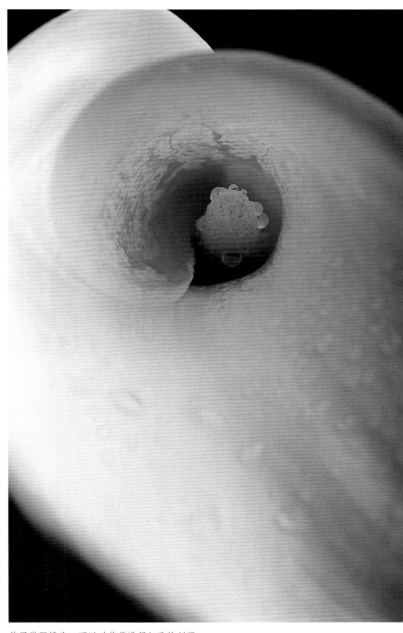

使用微距镜头，可以对花蕊进行细致的刻画
光圈：f/4 曝光时间：1/60s 感光度：ISO100 焦距：90mm

逆光表现花的造型美

摄影中将自然界的光线分为顺光、逆光、侧光和顶光等。当顺光拍摄时，照片显得比较直白；而顶光拍摄时会带来强烈的反差，让摄影师难以控制。就出片率来讲，摄影师在拍摄花卉时通常采用逆光或侧逆光，这样会让题材立体感更强。从镜头对面照射过来的逆光，可以勾画出花卉的轮廓，为花朵和绿叶形成一个天然的亮边。对于单薄的植物花卉，逆光时还会产生被阳光打透的生动效果。在拍摄逆光或侧逆光的花卉题材时，如果不了解数码单反的成像效果，可以尝试变换不同的角度，和寻找不同的光位，在实践中掌握利用光线造型的能力。

逆光下拍摄路边的
小芽
光圈：f/5.6
曝光时间：1/400s
感光度：ISO100
焦距：300mm

逆光下的蒲公英
光圈：f/5.6
曝光时间：1/800s
感光度：ISO100
焦距：300mm

精确地测光

　　精确地测光对于花卉题材的拍摄是至关重要的。大多数人会认为数码单反相机的自动测光系统已经非常成熟，对于常规题材的拍摄完全可以胜任。但是，并不是只要正确地曝光就可以拍摄出优秀的花卉照片。

　　在拍摄光影生动的花卉照片时，相机精准的测光数据只能当作参考，例如花瓣与背景绿草的亮度差别较大时，通过相机平均测光拍摄的结果就是花瓣曝光过度，完全失去了原有的细节，层层的花片结构连成了一体，同时过亮的背景会吸引观众的注意力，对主体不但没有起到衬托作用，反而会成为干扰元素。

　　照片是光与影的真实写照，当遇到一缕光线照射花朵时，千万不要错过这个难得的机会，因为在专业摄影师眼中，这已经形成了一幅精美的作品。就拍摄技术来讲，对于这种光线情况有很多曝光设置和参考方法。

1. 使用相机的点测光功能

　　数码单反相机的点测光功能可以以占画面约 3% 面积的物体为依据进行测光。利用这个功能，将测光点对准光照强烈的花瓣测得曝光数值，之后对准背景中想呈现的花卉草木，通过取舍估算出合适的曝光数值。

2. 通过回放修正曝光值

　　数码单反相机最大的优势就是液晶屏可以以高像素和准确的色彩还原回放刚刚拍摄的照片，通过这个功能可以放大并仔细察看照片的细节，之后再次调整曝光进行拍摄。

3. 主体测光法

　　让拍摄主体充满取景器，之后进行测光是最简单的方法，这适用于较大的花朵或对焦距离较近的镜头。资深的商业摄影师还有一个不传的秘诀：在使用变焦镜头时，可以将镜头焦距置于最长端（即使无法对焦也可以），得到局部的曝光参数，之后重新变焦和构图，手动设置曝光值后进行拍摄。

当花卉与背景亮度差别大时，测光至关重要
光圈：f/4　曝光时间：1/20s　感光度：ISO100　焦距：70mm

光圈：f/4　曝光时间：1/30s　感光度：ISO100　焦距：70mm

花卉和昆虫经常会和谐地出现在同一个画面中
光圈：f/5.6 曝光时间：1/100s 感光度：ISO100 焦距：200mm

小花往往聚集在一起，呈现出精致的细节
光圈：f/4 曝光时间：1/40s
感光度：ISO100 焦距：70mm

花丛中的生灵

　　在鲜花绽放的季节，经常会有采蜜的昆虫在花丛中萦绕飞舞，这不仅不会影响花卉的拍摄效果，还可以为照片增添几分生机。由于昆虫的体积微小，拍摄花卉时采用的镜头景深范围也很小，稍不注意就会让昆虫超出镜头的成像清晰范围。因此，在拍摄时可以采用手动对焦的方式，将对焦点放在昆虫的头部。不过，手动对焦对于高速运动的昆虫并不适用，稍不注意，昆虫就会飞离取景范围。在这种情况下，最好的方法就是使用拥有全自动对焦功能的镜头，在自动对焦的基础上，手动对焦进行修正后拍摄。有经验的摄影师还会采取一种特殊的拍摄方法，在对准花朵对焦后，半按相机快门锁定对焦点，之后慢慢向后移动相机，同时采用高速连拍的方式拍摄，这样会明显提高拍摄的成功率。

精致唯美的小花

　　摄影是发现美、表现美的过程，即使我们平时拍摄的花卉并不是什么名贵、珍稀的品种，通过观察和发掘，一样可以拍摄出惊世骇俗的大作。如果想拍摄出有新意的花卉照片，首先要配备得力的摄影器材，最重要的是，从不同角度去尝试拍摄，变换不同的前景和背景来衬托花朵主体，尝试顺光、逆光、测光甚至人为地补光。在拍摄日常的小花时，要注意构图时主体的比例。宽泛的构图会让照片看起来缺乏视觉中心点，而过于紧凑的构图会让花卉照片看起来单调乏味，这个度的把握也是在不断拍摄和分析成功作品中慢慢建立的。拍摄小花时，可以灵活利用背景的色调，无论是近似色还是对比色，都会产生感染力。但要注意，不要让照片的色彩布局杂乱无章，要适当从画面中剔除起干扰作用的颜色。

拍摄花丛的节奏

对于花卉题材的拍摄,如果可以全方位、立体地展现,是再好不过的。当百花齐放时,可以通过宽泛的取景表现花卉的群体美感。对于在都市生活的摄影爱好者来说,这可能会有些难度,但可以利用构图和取景的技巧,尽量让花丛充满取景范围。要做到这一点,就要充分了解不同焦段镜头的成像特点。其中,广角镜头会涵盖较大的场景,即使主体是花丛,背景中还会包含很多其他的景物。如果花丛的面积够大,那么可以让镜头贴近其中一朵或几朵花卉,让背景在花丛中延伸开来。对于长焦镜头,就要把握整体的节奏和层次,常用的方法就是让镜头贴近花丛的顶端,由近及远、沿着花丛的走势进行取景,并利用虚实对比来突出花丛的美感。

从侧面拍摄花丛,利用虚实对比进行刻画
光圈:f/5.6 曝光时间:1/125s 感光度:ISO100 焦距:200mm

花卉的色彩把握

花卉题材的色彩丰富,每到鲜花绽放的季节,都会吸引大批摄影师和摄影爱好者到植物园或公园中拍摄,比较有代表性的就是每年的郁金香节、樱花节和菊花节。采用色彩对比拍摄花卉时,最常用的就是"红"与"绿"的搭配。这样的组合相当鲜明,恰当地使用不仅不会落入俗套,反而会让照片锦上添花。色彩不仅有饱和度这个重要的属性,还有容易被人们忽略的明度属性。例如在中午的顺光下拍摄的红花绿叶,虽然色彩饱和,但是照片中花朵的叶子明显呈现出一种暗淡的绿色。如果在上午或下午选择逆光进行拍摄,被阳光打透的叶子会呈现出一种鲜嫩的翠绿,让照片充满勃勃的生机,这样衬托的红花也会更生动。

色彩对比的手法在花卉摄影中被广泛应用
光圈:f/8 曝光时间:1/100s
感光度:ISO100 焦距:100mm

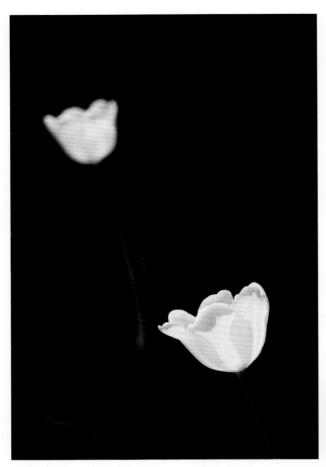

利用相机有限的宽容度制造明暗对比，突出花卉
光圈：f/11 曝光时间：1/400s 感光度：ISO200 焦距：360mm

充分利用对比

对比是摄影中的重要表现手段，对于花卉摄影也不例外。为了将花卉主体生动地表现出来，不仅要在画面布局和主体比例上下功夫，还要熟练运用花朵茂盛与枯萎的对比、绽放与含苞待放的对比、色彩的对比、光线明暗的对比和远近的层次对比等拍摄手法。在很多情况下，要发挥主观能动性，在前人的基础上进行创新。对于花卉摄影，远近对比和明暗对比是最常用的拍摄手法。远近对比的关键在于构图上的摆布，例如这张照片中呈对角线构图的白色花朵远近呼应，一明一暗也把握得恰到好处，这样要比单独拍摄一个花朵更有韵味。

着力表现一朵花的魅力
光圈：f/5.6 曝光时间：1/80s 感光度：ISO200
焦距：200mm

为花卉拍摄特写

当花朵的个体表现力强时，可以通过特写的形式着重进行表现。那么，面对令人眼花缭乱的花丛，怎么从中选择一株最适合用特写来表现的花朵呢？我们在取景时，可以寻找位于花丛最边缘的花朵，因为这一株花朵的背景往往不会有颜色纷乱的干扰。相反，通过浅景深手法的塑造，还可能产生美丽的虚化效果。长焦镜头或者150mm的微距镜头是拍摄花卉特写的绝佳器材，可以让花朵的背景中涵盖尽量单一的景物，从而起到突出主体的作用。如果要彻底避免背景的干扰，就要尽量开大光圈；如果想保留虚化背景中的景物形态，那么可以利用数码单反相机的景深预示功能，在缩小光圈的同时观察背景的虚化程度。

发掘更多的题材

　　花卉摄影中要善于发现题材，有时植物的根茎或者叶子上悬挂的露水，甚至残缺的叶片都可以作为拍摄对象。摄影师经常感叹大自然的创造力。大自然不仅不会让拍摄的题材枯竭，反而总能让人在不断的探索中能有新的发现。如果花期未到，我们一样可以拍摄春天的新绿、夏天的茂盛、秋天的残败和冬天的静美。春天枝头的绿叶会呈现出生机勃勃的嫩绿色，夏天被小虫啃食后的残叶一样有着不同寻常的特点，秋天的黄叶或红叶在逆光中会显得色彩饱满，而冬天在冰雪中只露一角的落叶也有着自己的魅力。不断发掘更多的题材不仅会让自己的拍摄经验更丰富，这种细心观察与挖掘也会让摄影师再次感受到生命之美。

花丛中各种奇异的叶子也可以成为画面的主角
光圈：f/4.5 曝光时间：1/60s 感光度：ISO100
焦距：40mm

寻找最佳的拍摄角度

　　人们常说，角度决定高度。这句话在花卉摄影中同样适用，并可以激发我们的想象力。通过俯拍来拍摄花卉题材时，会让花朵显得娇小而惹人怜爱；通过超广角镜头从极低的角度仰拍（甚至寻找低于花卉本身的拍摄点进行拍摄），不仅不会让花卉主体显得娇小，反而会塑造出高大的形象。有影友可能会问，什么是最佳的角度？最佳的角度对于一个摄影师来讲，在每个成长阶段都会不同，因为这会随着审美情趣的变化而改变。不过，也不要有所顾虑，只要大胆地实践，终究可以寻找到自己的最佳拍摄角度。

通过拍摄角度的变化，寻找花卉摄影的最佳构图
光圈：f/4 曝光时间：1/30s 感光度：ISO100 焦距：50mm

利用相机的黑白模式拍摄

　　为了体现花卉的光影效果，在拍摄时可以适当使用数码单反相机的黑白模式，同时还可以在菜单中设置成像的对比度。在拍摄这张花朵的特写照片时，我们看中了有层次感、立体感的光线，随即按下快门进行拍摄。在回放照片时，发现这种层次感并没有达到极致。为了强调这一点，我们决定采用黑白的表现方法，将干扰画面表现力的色彩彻底屏蔽，只留下黑、白、灰的层次过渡。这样再次拍摄后，黑白照片简单明快的风格一下子就抓住了观赏者的眼球。

利用相机的黑白模式拍摄花卉特写
光圈：f/5 曝光时间：1/200s 感光度：ISO100 焦距：90mm

利用长焦镜头在水塘边拍摄荷花

光圈：f/9 曝光时间：1/200s 感光度：ISO100 焦距：300mm

拍摄静美的荷花

　　荷花在摄影师的镜头中会散发出特有的气质，无论是花瓣上柔美的色彩过渡，还是花蕊间生动的细节，都是如此。每年荷花绽放的季节，都会有众多摄影师，长枪短炮，全副武装，在池塘边费尽心思，变换构图来记录它的美丽。长焦镜头对于拍摄荷花来讲无疑是最好的器材，尤其像 100~400mm 这样的变焦镜头，可以方便不能下水的摄影师变换各种构图拍摄。不过，使用长焦镜头时，要注意手抖对成像的影响。具有防抖功能的数码单反相机或者镜头可以很好地解决手抖的问题。不过在光照条件不好时，三脚架还是最可靠的装备。由于拍摄荷花时经常要变换构图，为三脚架配备一款球形快速云台，要比使用传统的三向云台方便得多。如果构图中会纳入水面部分，那么可以为镜头配备偏振镜，通过转动偏振镜的前组镜片来减少水面的反光，让水面的色彩更浓重。

微距的世界:

第18章

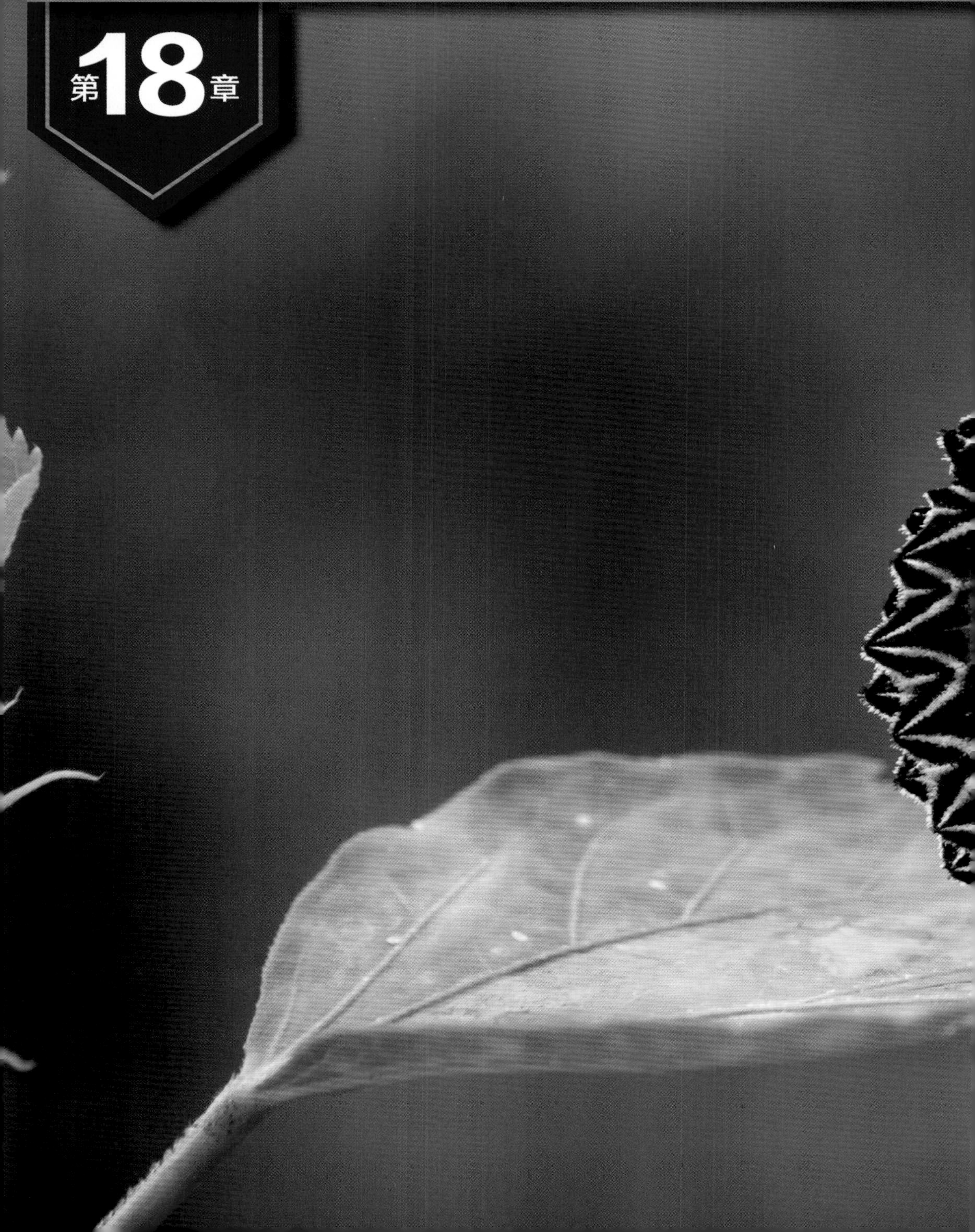

寻找昆虫栖息地

昆虫摄影相比花卉摄影，难度要大很多，不仅是因为昆虫在我们居住的繁华都市中难觅踪影，更因为它们是动态的拍摄对象，拍摄机会往往稍纵即逝。

为了得到优秀的照片，必须要做足功课，了解昆虫的基本活动习性。较为便捷的方法是利用互联网查询昆虫的分布、身体特征以及生活习性。如果你真的热爱昆虫摄影，那么在一次有计划的拍摄前做足准备工作，往往会起到事半功倍的效果。

通常而言，昆虫的出现和活动从春季开始。随着天气的转暖，昆虫的数量开始增加，炎热的夏天是昆虫摄影的黄金季节。没有条件深入自然保护区进行创作的影友可以在城市近郊的公园、植物园中寻找拍摄对象。在这里，能够轻易找到各种蝴蝶和蜻蜓，而湿润的花丛是最常见的昆虫出没地点。昆虫在清晨和傍晚活动最为迟钝，无论从光线还是拍摄控制来讲，都更有利于拍摄。

使用专业微距镜头

昆虫摄影的器材宜选用长焦微距镜头，因为这种镜头可以实现更远的拍摄距离，以达到在不惊扰昆虫的前提下顺利完成拍摄的目的。和花卉摄影同理，昆虫摄影也需要三脚架的配合，以达到在浅景深情况下精确控制画面焦点的效果。

昆虫微距摄影，选取焦距更长的微距镜头，可以获得更近的拍摄距离，因而优势明显
光圈：f/6.3 曝光时间：1/80s 感光度：ISO100 焦距：150mm

拍摄具有保护色的昆虫，画面充满趣味
光圈：f/7.1 曝光时间：1/125s 感光度：ISO100 焦距：150mm

大自然神奇的保护色

　　拍摄昆虫可以彰显大自然的神奇。从各种科普电视节目中我们了解到，自然界中的动植物利用伪装的保护色来逃避天敌的攻击，这正是大自然优胜劣汰、残酷竞争的表现。

　　捕捉这种神奇的拍摄对象，需要足够的眼力和一定的生物学知识，只要细心观察，就能有所收获。常见的带有保护色的昆虫有绿色的、黄色的。绿色的昆虫隐藏在鲜嫩的树叶中，而黄色的昆虫则隐蔽在枯叶和泥土中。随着拍摄经验的增加，发现这些精灵也会更加容易。虽然拍带有保护色的昆虫不能以色彩的对比来强化主体，但只要采用合适的拍摄角度和光线控制，仍然能使它们在聚焦的画面中得以突出，同时给照片观赏者带来无限的趣味。

拍昆虫，景深控制有讲究

精确的景深控制，在完美地表现昆虫细节美感的同时，得到柔美虚化的背景效果

光圈：f/8 曝光时间：1/125s 感光度：ISO400 焦距：160mm

正在吞噬落网蜻蜓的蜘蛛
光圈：f/2.8 曝光时间：1/200s
感光度：ISO400 焦距：75mm

景深控制是昆虫摄影的重点和难点。和花卉摄影类似，由于景深三要素中，拍摄距离对于景深的影响很大，而昆虫摄影的拍摄距离又非常近，所以，无论光圈设置得大或小，微距昆虫摄影的景深都是非常浅的，甚至连昆虫的身体都无法保证在景深范围内清晰呈现。因此，设置小光圈以及使用三脚架来控制相机的前后移动，都是必要的措施。

根据昆虫摄影拍摄对象的特点，控制拍摄角度也是景深控制的一个方法。例如拍摄蝴蝶，可以从侧面拍摄，着力表现五彩的翅膀，让它与焦平面平行，以保证翅膀的清晰呈现。如果拍摄对象的立体感强，则要在景深控制上做到有取舍，对焦于昆虫眼部等需要着力刻画的身体部位上。

捕捉昆虫自然的生态行为

在足够了解昆虫习性和活动规律的前提下，对它们的一些自然的生态行为，如觅食、交配和争斗，都可以用摄影的手法进行生动的表现。

表现昆虫生态行为的照片不但更加生动，而且具备了除艺术价值之外更多的意义，包括科普意义。在昆虫的世界中，觅食和交配是最常见的拍摄题材，拍摄交配需要了解不同昆虫的发情期特点，而昆虫的觅食则最为常见，拍摄机会更多，拍摄要点是通过拍摄角度的控制来刻画昆虫主体与食物，使它们在画面中均清晰呈现。同时，力求在昆虫的"警戒线"之外完成拍摄，不打扰正在进食的昆虫。

点式构图以小见大

　　点、线、面是摄影构图的基本要素，其中点是小的形态，是构图的画眼。点在画面中活泼、突出，起着引导视线的作用。

　　摄影画面中的点元素往往包含着画面的主题，是作品主题思想的体现。它往往被安排在画面中的黄金分割点或三分法的交会点上，利用相对纯净的背景加以表现。

　　在昆虫摄影中，昆虫自身的外形特点决定着摄影的表现手法。如果拍摄对象造型朴实，也没有更多绚丽的色彩，往往可以采用点构图的方式加以表现，突出画面的朴实美感。

　　微距摄影特有的浅景深有利于剔除背景中的杂乱因素。本例中，摄影师着力刻画一只趴在树叶上的昆虫，通过侧面的拍摄角度，将昆虫置于画面三分法的交会点上，背景干净。虽然主体所占面积不大，但却非常突出，正是视觉的重心。照片有力地突出了主体的形态特点。

将昆虫置于黄金分割点位置，画面平衡感好

光圈：f/9 曝光时间：1/160s 感光度：ISO200 焦距：150mm

妙用昆虫与环境的对比色

　　在风光、生态摄影领域，广泛运用色彩对比的手法来强化拍摄对象的表现力。在微距昆虫摄影中，这种手法同样适用。

　　前面提到，很多昆虫的躯体往往与环境同色，利用保护色在自然界中进行隐蔽。相比之下，另一些昆虫则拥有比环境色鲜艳张扬的颜色。自然界中，拥有鲜艳颜色的生物往往攻击性更强，能够借助强烈的色彩吓退天敌，或是在发情期更好地吸引异性，以达到繁衍后代的目的。

　　拍摄这类昆虫，只要通过拍摄角度的变化，寻找到与拍摄主体色彩对比强烈的背景，就可以达到强化主体的效果。同时，可利用点测光功能对昆虫测光，以便强化色彩。并规避测光系统对不同色彩曝光存在偏差的问题。

利用色彩对比手法，突出昆虫的色彩
光圈：f/6.3 曝光时间：1/80s 感光度：ISO100 焦距：200mm

正面和侧面的表现手法

正面表现

微距昆虫摄影的细节是决定照片优劣的重要因素。其中，影响构图及画面布局的主要因素就是对拍摄角度的精确控制。

在昆虫摄影中，拍摄环境和拍摄对象的形体特征直接影响着画面布局和拍摄视角。昆虫属于节肢动物中的一纲，身体分头、胸、腹三部分。头部有触角、眼、口器等。胸部有足三对。大部分昆虫都有长形躯体。根据拍摄意图和画面表达的需要，可以主要考虑正面和侧面这两种常用的拍摄视角。

正面拍摄螳螂，表现其三角形头部
光圈：f/8 曝光时间：1/100s 感光度：ISO100 焦距：150mm

侧面表现

拍摄蝴蝶，适宜采用侧面表现的方式，以凸显翅膀的华丽
光圈：f/6.3 曝光时间：1/125s 感光度：ISO400 焦距：130mm

本例中的两张照片，分别是采用正面和侧面两种拍摄手法。上图选择正面拍摄螳螂，因为螳螂的头部拥有独特的形状，同时它从花丛中探出头来的情形很有趣，正面表现的手法也可以强化昆虫的眼睛、触角等器官，让人感觉很有生气。下图采用侧面拍摄的手法表现蝴蝶，这是典型的根据拍摄对象特点选择拍摄角度的例子。蝴蝶这种生灵的美丽来自翅膀的图案，只有使用侧面拍摄的方法才能彰显它的美丽。

选择合适的拍摄角度，才能使画面的表现力真正到位。

第**19**章

舌尖上的诱惑：

详解美食摄影

美食摄影的光线环境

美食摄影既是商业摄影的重要门类，又是影友们日常拍摄的生动小品。

温馨的餐吧、精致的西点、晶莹的菜肴，都可以成为理想的拍摄对象。日常拍摄美食是一件很考验摄影师基本功的事情，因为美食摄影的光线条件受限，大多是在暗光条件下完成拍摄的。

在餐吧就餐时，如果想拍下诱人的美食，获得较好的光线条件，最好能够坐在邻近窗口的位子上。在没有专业闪光设备的情况下，利用自然光拍摄的美食效果往往不输于利用室内灯光拍摄的。

自然光条件下拍摄的菜肴
光圈：f/2.8 曝光时间：1/30s
感光度：ISO100 焦距：50mm

利用虚实变化突出画面重点

得到靓丽美食照片的另一个要点是画面的虚实控制。对于盘子里的菜肴、糕点，如果仅仅采用高点焦平面与餐桌平行的拍摄的方式，往往难以取得上佳的效果，因为画面平铺直叙，没有重点，杂乱的环境也会间接影响拍摄效果。因此，在日常拍摄美食时，摄影师宜采用侧拍，利用景深三要素中的光圈和拍摄距离的控制，使用大光圈，靠近被摄体拍摄，以获得更浅的景深，有所选择地表现画面中的重点，而虚实的变化可以很好地营造画面的立体感和聚焦感。

使用虚实对比手法，在焦点位置突出糕点的精致细节
光圈：f/5.6 曝光时间 0.6s
感光度：ISO100 焦距：50mm

商业美食摄影的基本流程

商业美食摄影，多用于餐厅的菜谱，是一项相对简单、高效的商业摄影创作活动。

在拍摄之前，摄影师必须要和客户进行充分的交谈，了解客户的具体需求。专业的摄影师除了要考虑到餐厅的风格以外，还要考虑印刷的工艺对照片曝光明暗、细节层次的特殊要求。

正式拍摄时，要掌握一定的节奏和流程。为了拍出新鲜的菜肴，必须要求餐厅的厨师一道菜一道菜地做，利用间隔时间完成每道菜的拍摄，因为菜肴只有刚出锅时，"色香味"中的"色"才处于最佳状态。为了获得更加鲜艳的菜色，有些菜肴只能做到5~6分熟，这样拍出的效果才会赏心悦目。

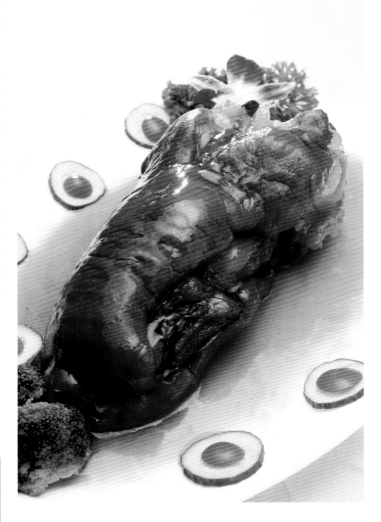

餐厅美食摄影要点

1 严格控制拍摄速度，在上菜过程中与餐厅加强沟通，以防错过每道菜的拍摄时机。

2 为提高拍摄效率，可以安排摄影助理，以便在拍摄每道菜肴时，对菜肴的位置、角度进行细致的调整。

3 准备一小瓶食用油和一把小刷子，必要时对菜肴涂抹上油，增加菜肴的色泽和质感。

4 了解菜谱的设计风格，根据餐厅的风格和客户的偏好，选取适当的背景。

商业菜谱拍摄的示例

光圈：f/9 曝光时间：1/125s 感光度：ISO100 焦距：44mm

常用商业美食摄影布光方法

拍摄菜谱是一项流程化的创作过程，摄影师在拍摄前，要使用专业闪光灯对拍摄场景进行布光。

拍摄菜肴的基本布光方法如下图所示，在菜肴上方设置一个配有柔光箱的顶光，在摄影师方向配置一个带有柔光箱的闪光灯，在相对摄影师逆光的方向配置一个荧光灯，以勾勒菜肴的轮廓，提升菜肴的质感。

针对不同的菜品，摄影师布光的方法会有很大的变化，本例中只提供了一种基础的布光方式。摄影师应该根据拍摄效果的需求不断地变换灯光的方向和位置，以达到最佳的拍摄效果。

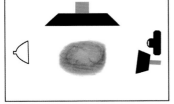

布光图

菜肴布光实例

光圈：f/8 曝光时间：1/125s 感光度：ISO100 焦距：26mm

灯光调整对拍摄效果的影响

美食摄影中的主光通常为柔光，以安装了柔光箱的闪光灯作为主光，均匀地表现美食中的各个细节。

美食摄影通常不需要过于强烈的明暗反差。因此，布光时一定要注意画面中光线的均匀。在布光时，设置一个没有添加柔光箱的硬光源闪光灯，主要作用是营造美食边缘的光泽，并表现菜肴表面的质感。通常这个光源会设置在被摄美食的侧面。前面关于用光的章节中，讲解了侧光易于表现画面的质感，在美食摄影的布光中，侧光的这一特性得到了充分的应用。

通过侧光表现菜肴的质感和光泽

光圈：f/9 曝光时间：1/125s 感光度：ISO100 焦距：29mm

根据美食特征决定画面构图

无论是菜肴还是糕点，美食摄影的拍摄对象都是立体的和多面的。摄影师在摆放拍摄对象以及选择拍摄方向时，要留意美食的拍摄角度，选取最能表现美食"色香味"的特点，以及美食主料特征的，颜色最丰富、形状最优美的拍摄角度，这样才能抓住拍摄的重点。本例中，左图蛋糕上的水果没有得到充分的表现，而下图的构图则更加完整，表现了蛋糕上的各种配料，色彩更丰富，给读者的感觉更加鲜嫩，构图的效果更佳。

角度选取不当，画面凌乱

光圈：f/16 曝光时间：1/1250s 感光度：ISO100
焦距：50mm

选取合适的角度，重点突出糕点的精华

光圈：f/16 曝光时间：1/125s 感光度：ISO100
焦距：35mm

把握全局与局部的构图效果

全景

局部

　　任何一种摄影题材在构图时，都面临对拍摄对象"是否取全"的选择。

　　将拍摄对象完全收入画面的构图形式被称为封闭式构图，这种构图形式在内容的表现上更加完整，但拍摄效果往往很死板、很呆滞。将拍摄对象部分收入画面的构图形式被称为开放式构图，这种构图形式可以放大拍摄对象的局部，更有利于表现拍摄对象的细节，画面给人的感觉也更加饱满。

　　细节的表现正是美食摄影的重要诉求。因此，在拍摄美食时，摄影师可以更多地尝试开放式构图的拍摄方式，同时运用景深的变化来凸显美食的局部，以小见大，突出美食的个性。如果客户有"取全"的特殊需求，这种构图方式就不适用了。

全景和局部表现方式的对比
光圈：f/5.6　曝光时间：1/125s　感光度：ISO100　焦距：50mm

高低视角拥有不同的表现效果

　　商业美食摄影十分严谨，一定要配合三脚架等辅助器材。通常情况下，摄影师会选择侧上方的拍摄视角进行取景。此时，拍摄视角的高低是影响画面构图的另一个重要因素。

　　采用高角度拍摄更利于表现美食的整体效果，通过缩小光圈等方法，可以使画面中的景深范围更大，细节一一呈现，这也是最常用的拍摄视角。这种视角拍出的照片与人眼的视角近似，表现效果中规中矩。

　　采用低角度拍摄的方法不太常见，但有时却可以起到很好的效果，因为低角度可以拉大背景与画面主体的距离，营造更浅的景深。同时，通过缩小拍摄距离，使用长焦镜头等方式，可以对菜肴的局部进行放大，突显菜肴的特写，展示菜肴中最吸引人的细节。以这种方式得到的照片更加生动，让人看了食欲大开。

两种拍摄角度的对比
光圈：f/8 曝光时间：1/125s 感光度：ISO100 焦距：200mm

光圈：f/9 曝光时间：1/125s 感光度：ISO100 焦距：35mm

根据拍摄对象营造最佳画面背景

美食摄影中的背景往往被摄影师所忽略，一组商业美食照片，通常会采用统一的桌布，而背景的颜色、风格则根据客户的需求和喜好而定。

在画面的背景没有统一风格约束的情况下，摄影师需要根据照片的整体效果来选择最适合画面表达效果的背景。

根据背景的明暗，美食摄影也可以营造出高调和低调两种画面效果。高调的照片能突显美食鲜艳的色彩，而借助深色桌布背景打造的低调照片则更适于表现西餐的雍容气质。

本例中，摄影师选择一块白色桌布，以营造高调效果。在闪光灯的照射下，背景的白色桌布被彻底略去，营造出了接近纯白的高调背景，突显了菜肴鲜艳的颜色。

利用对闪光灯的控制和白色桌布，营造纯净的白色背景
光圈：f/8 曝光时间 3.6s 感光度：ISO100 焦距：50mm

画面中道具的选取与搭配

将餐具融入美食摄影的画面，常见于西式餐点的美食照片。有些表现西餐厅菜肴的照片，甚至将餐桌、烛台等更多的元素收入画面，这种拍摄风格的差异来自文化的差异。西餐更注重就餐环境，因此，在拍摄西餐时，画面中适当地增加餐具等画面元素也就顺理成章了。

在将美食与餐具等元素进行组合搭配时，要注意画面的布局，主体美食所占的面积不能过小，以免喧宾夺主。在搭配元素时，要点到为止。画面中还要预留一定的空间，构图不可过于饱满，以营造和谐的氛围。

高档的餐具、红酒和高脚杯等，都可以被用作装点画面的道具，它们可以起到烘托美食的效果。

用刀叉等道具结合开放式构图烘托菜肴
光圈：f/11 曝光时间：1/4s 感光度：ISO100 焦距：48mm

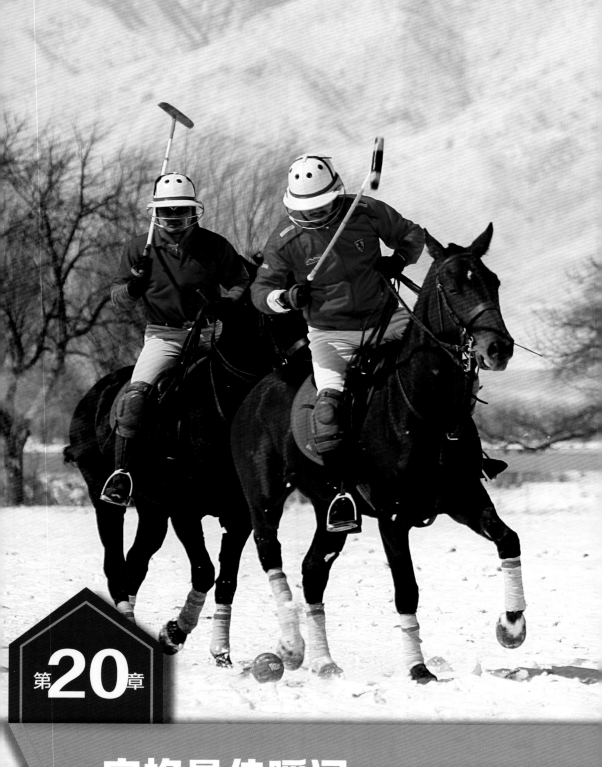

第**20**章

定格最佳瞬间：..........

体育摄影实拍技法

以快门速度凝固动感瞬间

体育摄影的灵魂是创造性地凝固真实的动态画面，应使用足够快的快门，真实再现运动细节。

1. 被拍摄对象的运动速度越快，所使用的快门速度也应越快。如短跑与拳击比赛，拍摄所用快门速度很快，而摩托车和赛车所需要的快门速度更快。被拍摄对象与镜头之间的距离越近，快门速度越快。拍摄横向运动的动体比拍摄纵向运动的动体，快门速度应更快。

2. 使用的镜头焦距越长，快门速度应越快。作为凝固动感瞬间的指导原则，最低快门速度应该是手持速度的 4 倍。手持速度是焦距的倒数。如果使用 200mm 的镜头，则手持速度应该是 1/200s。所以，要想凝固动感瞬间，应该至少使用 1/800s 秒的快门速度。为此，可以使用较大的光圈和较高的 ISO 进行拍摄，但要将使用较高的 ISO 作为最后的手段，因为它会在图像中引入过多的噪点。

抓拍越野摩托车腾空的一瞬间

光圈：f/4 曝光时间：1/1250s 感光度：ISO100 焦距：24mm

掌握追随摄影的技巧

追随摄影是拍摄动体，尤其是横向直线运动的动体所常用的摄影技法。横向追随摄影的优势是：由于相机是在追随动体移动的过程中按下快门，所以画面上的动态主体较为清晰。而背景则呈强烈的线状虚化，在虚化线条的衬托下，画面充满了速度感。追随摄影的技法要点：

1. 要选择运动通道两侧位置进行拍摄，提前进入摄影位置，开启跟踪对焦模式，提早对拍摄对象进行对焦，锁定它。

2. 两手稳握照相机，通过取景器用同等速度随动体平稳移动，在移动中适时按下快门。要注意，不能在相机的移动中跑焦，一般使运动物体始终在取景框的中央即可。

3. 快门速度应根据动体的移动速度和所要追求的拍摄效果确定，通常为 1/15s 至 1/60s，不超过 1/125s。在没有把握的情况下，可对同一目标用不同的快门速度拍摄几张，以供选用。

用追随摄影的方式表现赛道中的赛车

光圈：f/22 曝光时间：1/25s 感光度：ISO100 焦距：70mm

高速连拍不可或缺

在体育摄影中运用高速连拍具有两重意义：一是高速连拍获得的多张照片可以连续定格选手的整套动作，记录运动全过程，这在相当程度上弥补了影像相对于视频，无法记录整体运动过程的缺憾；二是多中选优，连拍可以将惊险激烈的运动瞬间连续记录下来，保证精彩不错过，还可以拍摄到运动过程中发生的意外瞬间，这样可获得多张运动过程照片素材，用数量的优势弥补了可能存在的拍摄质量的不足，更容易挑选出上佳的作品。

拍摄时设置连拍模式，然后准确对焦，保持运动员在对焦区域。在运动员即将开始动作或动作进入高潮时，完全按下快门按钮，启动连拍，直到连续拍摄若干张图片为止，记录所需动作的全过程。

数码单反相机在连拍模式下，连续拍摄的能力取决于相机的硬件指标，而一场比赛中所能拍摄的照片张数取决于相机内置存储卡的容量、图像的大小、质量和压缩比等。所以，事前要准备充足的大容量卡。另外，充足的电池也是不可或缺的。

用高速连拍方式表现水球射门的瞬间

慢速闪光同步

　　在弱光的室内完成体育摄影的拍摄，可以运用慢速闪光同步的技法，在凝固瞬间的同时，将拍摄对象的动态表现出来。慢速闪光同步是指闪光灯根据拍摄主体决定曝光量，同时在闪光结束后，继续对画面进行一定时间的曝光。在闪光时，动态主体被凝固，而闪光结束后继续曝光，则会将运动人物的动态表现出来。

　　慢速闪光同步实现了凝固瞬间和运动虚影的完美结合，产生了非常特殊的画面效果。

弱光下用慢速闪光同步拍摄篮球选手
光圈：f/3.5 曝光时间：1/125s 感光度：ISO400
焦距：50mm

跟踪对焦特别好用

　　竞技运动最大的魅力在于不确定性，你永远不知道下一分钟会发生什么。在被摄体位置不断地运动变化，尤其是它无规律运动的情况下，为了在瞬间获得高清晰的影像，采用相机上的自动追踪聚焦功能便是最佳的选择。当今数码单反相机的对焦性能已经十分强大，但在跟踪对焦功能实际效果方面，中低端机型与高端数码单反相机仍然存在一定差距。档次越高的单反相机，跟踪对焦的性能越好。选择跟踪对焦模式后，摄影师就可以从容地专注于拍摄主题了。在按下快门之前，可能已端起相机"跟踪"了拍摄对象很久，借助跟踪对焦功能，摄影师只要在关键时刻"快狠准"地触发快门，就可以完成拍摄了。

排球选手奋力救球的凝固瞬间
光圈：f/4 曝光时间：1/2000s 感光度：ISO800 焦距：188mm

以拍摄角度强化运动气势

一个有利的拍摄位置往往直接影响到照片的质量和效果。选择拍摄位置应考虑以下几个方面：

1. 在这个位置上应能拍摄到运动员比赛的过程和高潮动作，有利于反映特定运动项目的特点。

2. 多数摄影者没有记者证，无法在拍摄中获得最佳位置，此时应尽量找到距离更近的坐席。拍摄距离越近，拍摄机会越多。

3. 所选位置要与配备的器材相适应。

4. 拍摄位置应尽量避免杂乱的背景，有利于将运动员充满画面。

5. 所选位置不会干扰运动员比赛。

右图"最后的搏击"，采用广角镜头、近距离、低角度拍摄。广角镜头夸张了动作的爆发力；近距离拍摄，通过构图突显拳击比赛中最美的形体和动作瞬间；低角度拍摄使画面上的主体处于主宰地位，打破了力的均衡，给人以强烈的震撼。

用广角镜头近距离拍摄激烈的拳击对抗瞬间
光圈：f/4 曝光时间：1/500s
感光度：ISO1100 焦距：24mm

把握拍摄时机和提前量

拳击选手面部被击中的瞬间
光圈：f/4 曝光时间：1/800s 感光度：ISO1600 焦距：400mm

在体育摄影中，取景的位置和角度确定后，掌握拍摄时机和提前量很关键。体育项目虽然有各自的运动技术特点，但也有共同的规律。如篮球的投篮、排球的拦网、拳击的出拳等，都包括由低潮到高潮的连续动作。在到达运动高潮时，总有一瞬间的静止状态。静止状态前，运动向上向前发展；静止状态后，运动开始低落。选择拍摄时机，一般不在动作高潮的静止点上，而是在接近高潮静止点的一刹那。或者说，只有合理运用提前量，才能使拍出的照片恰到好处地反映动作的最高潮。所以说，在体育摄影中最应注意的就是拍摄时机和提前量问题，而且必须通过反复实践才能真正掌握。

渲染比赛对抗的激烈

体育摄影中，景物影像大小与范围的确定，应根据运动项目和画面主题来决定。例如拍摄开幕式、团体操等较大的场面，宜选择全景俯拍。而拍摄球类运动，宜用远景来表现全场比赛激烈的竞争场面。

右图"对抗"采用长焦镜头远景拍摄，沙滩排球比赛中的发球、垫球、鱼跃救球等动作，都是具有排球运动特点的拍摄机会，特别是网前扣球、拦网等动作，画面极具竞争性。照片利用长焦远摄方式渲染比赛的激烈程度和紧张的气氛。画面中强化运动员的腾空高度，运动员的面部表情同动作一起表现出来。画面中一定要包含双方的运动员以及争抢中的排球，以便让这种激烈的比赛气氛得以完整呈现。

沙滩排球赛场上激烈的对抗
光圈：f/4　曝光时间：1/2000s　感光度：ISO400　焦距：200m

乒乓球赛场上选手和小球戏剧性的瞬间
光圈：f/2.8　曝光时间：1/640s
感光度：ISO1000　焦距：400mm

巧妙的画面构图

拍摄体育照片要注意画面构图。体育比赛是在快速多变的情况下进行的，要在一瞬间完成构图，需要随机应变。要根据拍摄者所在的位置、运动员的现场动作、光线分布和横竖画面的布局等诸多因素进行考虑和快速取舍。重点是构图中主体要突出、清晰，画面要有新意，以展示体育比赛激烈的竞争场面。

左图表现的是乒乓球比赛的现场情况。采用对角线中景构图，将被摄主体安排在画面的对角线上，并将主体放大。对角线构图除了能有效突出主体外，还能展现强烈的动态效果。中景画面突出了运动员聚精会神地发球的动作，与旋转的乒乓球构成了具有戏剧性的精彩瞬间，很好地引导了观者的视线。整个照片给人以想像的空间，富有韵味和情趣。

奥运选手在获胜的瞬间兴奋地欢呼庆祝
光圈：f/4 曝光时间：1500/s 感光度：ISO800
焦距：109mm

花絮充满精彩

　　体育摄影除了拍摄惊心动魄的竞技场面外，场内场外的花絮也同样值得一拍。花絮也是"花"，赛场花絮丰富了体育摄影题材，以趣味性、情节性吸引观众。近年来，体育摄影呈现出更加多元化、娱乐化的倾向，一件成功的作品，重要的是从人性的角度去挖掘运动员身上的个性，这样的影像才会让观者透过影像表面，看到运动员个体的魅力，唤起感情反应。例如，拍摄运动员上场亮相的耍范动作，突出诙谐的动作、风趣的表情。再如抓拍比赛结束时运动员的表情变化，包括胜利的喜悦、失利的落寞等。

　　在拍摄赛场花絮时要注意两点：一是人物的脸部表情或体姿表情刻画得愈有情绪性，就愈能动人心弦；二是最好把人物形象跟某种驱动性的环境联系起来，因为这样可使心境具有依据，产生一定的因果关系。

拳击选手亮相的造型刻画
光圈：f/3.2 曝光时间：1/125s 感光度：ISO400
焦距：50mm

广角摄取趣味画面

　　拍摄动物时，利用广角镜头的透视变形，能够表现有趣夸张的画面效果。在冰山耸立的南极，企鹅身上的羽毛构成精彩的图案。当它们鼓起胸膛、身体直立时，太阳正好把余晖洒在它们闪亮的外衣上。

　　拍企鹅跟拍人有相似的地方：眼神、姿态、造型都是镜头要表现的重点。下图采用广角镜头近距离拍摄，表现了有序排列的企鹅们憨态可掬的样子。

　　拍摄动物应该有敬畏之心，要爱护动物，尽量不要打扰它们的生活。企鹅并不害怕人类，但开始拍摄时，也要先远离它们，然后逐渐往前移，让它们逐渐习惯和接纳人的存在，再近距离拍摄。另外，最好从企鹅的高度来拍，它们害怕从上面出现的东西。所以，摄影师以蹲姿拍摄为好。

南极大陆上俏皮的企鹅们
光圈：f/5 曝光时间：1/2000s 感光度：ISO100 焦距：35mm

非洲大草原上夕阳中迁徙的象群
光圈：f/6 曝光时间：1/320s 感光度：ISO400 焦距：300mm

长焦拍摄动物风光

　　富有生机的动物，如果和绝美的自然环境融合在一起，就能得到一张生态与自然风光兼备的完美照片。

　　在自然界中，奇妙的光线和美丽的场景时常伴随动物这一拍摄对象同时出现。此时，需要把握的是美景的组合方式以及元素在画面中的构图控制。

　　本例中，迁徙的象群在原野上行走，正值夕阳西下，阳光将画面染成了橘红色的暖色调。使用剪影的拍摄手法，将大象种群在画面中用轮廓的方式呈现出来，既表现了动物的生命力，又获得了夕阳的迷人光线和色调，表现了大自然和造物的神奇。

近距离拍摄
的窍门所在

拍摄蜥蜴这样的微小动物时，由于普通镜头的最近调焦距离无法满足近摄的要求，一般加用近摄附件或选用微距镜头来拍摄。拍好微小动物照片的秘诀是选择较低的视角。由于身高上的优势，人总是居高临下地俯视蜥蜴。如果将镜头的位置降低到与蜥蜴的眼睛处于同一水平面上，这种眼对眼的直视会让视觉体验变得有趣得多。拍摄蜥蜴时，应着重再现人们平时不太留意的微小细节，例如蜥蜴的表皮纹理、色彩等。

用微距镜头拍摄蜥蜴
光圈：f/3.5 曝光时间：1/30s 感光度：ISO100 焦距：75mm

在近距离摄影时景深很小，稍有不慎就可能出现调焦不准、影像模糊的情况。因此，在近摄时调焦一定要仔细，尽量调整好景深，使主体清晰，背景虚化。在近距离拍摄时，必须使用三脚架稳定相机，以保证准确对焦并防止持机不稳的现象发生。在拍摄蜥蜴时，背景处理很重要，背景颜色应与主体颜色呈对比色。

折反镜头的
魅力

拍摄动物需要使用超远摄镜头时，很多影友因为其昂贵的价格而放弃，这时不妨选择折反镜头。折反镜头是超远摄镜头的特殊形式，与普通超远摄镜头相比，价格较低，重量较轻，体积较小。拍摄时要注意：

1. 由于折反镜头的成像原理特别，其前镜片表面有一块难以透光的固定机构，导致进光量减少，因此它的适用光圈相对较小，而且不能调节，只能用改变曝光时间或加用灰镜的办法控制曝光；不能使用相机的程序式自动曝光和快门优先式自动曝光。这是折反镜头的不足。

2. 折反镜头成像时，景深外会出现圆圈状虚化背景，见右图。这种效果难免会影响画质。

用折返镜头拍摄大猩猩
光圈：f/8 曝光时间：1/80s 感光度：ISO400 焦距：500mm

3. 折反镜头景深小，必须手动对焦。对焦时要力求精确，并配合三脚架，以免相机晃动。

使用折反镜头是获取长焦功能的廉价的解决方案，能够为我们解决某些现实的问题。

环境烘托生态场景

动物摄影中，动物在画面中所占的面积有时可能不大，尤其是那些外观不够亮丽的动物。这时，可以运用环境烘托的方法表现动物生活的场景。

右图，使用中焦镜头拍摄南极大陆上的海狮，画面的背景元素丰富，南极的冰原、企鹅和海洋都呈现在画面中，展示了原生态的画面效果。照片将拍摄对象的生存环境表现得十分充分，画面生动，动物和环境浑然一体。

在南极大陆上拍摄海狮
光圈：f/6.7 曝光时间：1/350s 感光度：ISO100 焦距：50mm

动静对比更有趣

对比是表现事物存在形态的一种有效方法。摄影师常把两种不同形态的物体纳入同一画面中，如一虚一实、一明一暗、一大一小、一高一低等，以相互的对比衬托来达到突出主体的目的。在动物摄影中，如果被摄主体是动态的，那么摄影师喜爱用一动一静的形式来制造对比。如右图，画面中的主体斑马呈动态，右侧的陪衬的斑马呈静态，通过以静衬动的方法，使主体显得突出。

拍摄动静对比的照片时，景深的控制非常重要。要使画面中"动""静"两个主体都清晰呈现，就需要选取恰当的曝光组合。此时，在保证凝固动态主体的同时，可适当缩小光圈拍摄。

用长焦镜头拍摄非洲大陆上的斑马
光圈：f/9 曝光时间：1/3200s 感光度：ISO200 焦距：250 mm

高速快门不可或缺

使用高速快门拍摄正在爬树的猴子
光圈：f/4 曝光时间：1/1640s 感光度：ISO640 焦距：200mm

动物有着无以言喻的可爱表情、丰富的肢体动作。那么，怎样抓拍动物的精彩瞬间呢？

大多数动物移动的速度相当快，且不可预测，所以对拍摄时的快门速度有较高的要求，只有快门速度快，才能把瞬间的动作捕捉下来。在拍摄实战中，如果想凝固动物运动的瞬间，可在拍摄前适当提高感光度。本例中，作者抓拍正在爬树的猴子，使用高速快门获得了理想的画面效果。关于此类题材，作者的建议非常简单：使用大光圈、高速快门，然后等待合适的拍摄时机。

如果发现动物有规律地做出一些适宜拍摄的精彩动作，便可将设定好的相机举起并取景等待。只要有足够的毅力和耐心，就能拍到足够吸引人的照片。

光影效果的捕捉

　　下图拍摄的是水边小憩的火烈鸟，是典型的暗背景、亮主体。在强对比、高反差的环境下，相机计算曝光量时，综合测光范围所覆盖到的主体和背景的光线反射，是一个综合平均值，无法突出主体，达到预期的效果。这时需要对曝光参数进行调整，运用点测光模式进行适当的取舍，以保证主体曝光正确，同时压暗背景，突出主体。如果使用平均测光模式，火烈鸟主体可能会过曝，失去羽毛的层次细节，同时会由于背景过亮而显得杂乱。正确的曝光能使火烈鸟更有层次感，细节充分，背景的黑色调更纯正，因而更能体现出明暗对比的独特意境。

水塘中逆光下线条优美的火烈鸟
光圈：f/4 曝光时间：1/500s 感光度：ISO100 焦距：200mm

低角度拍摄
的趣味效果

　　拍摄动物要考虑相机的角度，可采用镜头与地平线相平、与动物眼睛相平和在高处俯视的角度拍摄。在人眼的高度拍出的动物照片可能会显得比较死板。

　　对同一主体，换一个角度拍摄，能极大地改善画面构图。如果要拍摄的动物体型较小，你可以弯下腰，从与其同等或者更低的高度拍照，这样的照片才会有趣。选择动态的取景角度更利于你的拍照，增加画面的动感效果。有时，拍摄动物的背影也能产生有趣的效果。

　　每年4~5月是孔雀的繁殖季节，它们的羽毛焕然一新，雄鸟常张开美丽的翅膀和尾屏，婆娑起舞，向雌鸟献媚。这时正是拍摄孔雀的好时机。采用仰拍的方式，可以表现它们的高傲不群。要将拍摄手法和主题很好地融合在一起。

昂首挺立的孔雀
光圈：f/5.6 曝光时间：1/80s 感光度：ISO100 焦距：200mm

合理运用主体与背景

坐在石墩上的野猴
光圈：f/5.6 曝光时间：1/100s 感光度：ISO800 焦距：250mm

美国摄影师安德鲁·朱克曼说："当一个主体从它所处的环境中剥离出来时，剩下的才是它的全部。这种拍摄手法不仅能表现出动物的形态、肌肤以及动作，更重要的是能展现一种不同以往的个性。"背景对一张照片是极为重要的，干净的背景可以令人将注意力很自然地落在主体上。光圈越大，景深越小，主体就越突出。使用长焦镜头拍摄到的角度非常小，所以只需要稍稍移动，就能获得完全不同的背景。上图是在动物园拍摄的，使用的是一支长焦镜头，采用大光圈，以虚化周围的背景。

背景的处理原则是：突出主体，简化画面。在条件许可的情况下，要尽量选择一些好看并能突出主体的景色作为背景。比如，深色主体使用浅色背景为好；而浅色主体使用深色背景为好；在拍彩色片时，背景颜色与主体颜色成对比色（互补色）为好。

来一张动物特写

拍摄动物应从两个方面去表现：一是生态描写，主要表现其生活习性；二是形态描写，每一种动物都有自己的形态，通过特写镜头的艺术处理，往往能显示出造型的美感。

拍摄动物特写时，不必把生活环境过多纳入画面，要把动物从背景中提炼出来，既可取其整体，也可取其局部。特别是可以深入动物的内部、细部，将其细部强行放大。这种以小见大、以偏概全的拍摄方法，可以调动观众的想象力，引发人们的联想和另类体验。

从动物特写中可以看出，动物的五官与人类相比位置相差较大。上图，犀牛的眼睛和鼻子就不在同一个焦平面上，这时要做到合理构图和控制景深。对景深的准确把握和对光线的巧妙利用，还可以很好地表现动物肌肤的质感。

拍摄动物园中的精灵

　　去动物园拍摄时，很多人会心生顾虑，怕由于动物被关在笼子里，影响拍摄效果。其实，只要运用一些技巧，就可以虚化甚至去除铁笼的羁绊。

　　拍摄笼中动物要选择大光圈长焦镜头。长焦镜头可以捕捉动物的姿态表情，并且可以有效地虚化前景和背景。拍摄时，由于笼子不在焦平面上，会被虚化掉。

　　下图是在动物园拍摄的，两只猴子亲密地互助，好像人一样。动物摄影的最高境界是抓取它们喜怒哀乐的情感流露。作者被这个情景感动了，马上举起相机，将长镜头尽量贴近笼子拍。由于隔着铁丝网，自动对焦失灵，便使用手动对焦和很紧凑的构图方法，拍摄下这张拟人化的照片，表现了温馨的氛围。

动物园中互相挠痒的猴子
光圈：f/4 曝光时间：1/400s 感光度：ISO400 焦距：200mm

定格飞翔的时刻

拍摄飞行中的鸟类难度较大，非常具有挑战性。

选择具有光圈优先、点测光和连续对焦等功能的数码相机是比较理想的。长焦镜头是比较理想的镜头。鸟类拍摄的最大难点在于接近鸟类。野生状态的鸟类和人类常常保持一定的安全距离，拍摄鸟类就需要突破这个安全距离，但是又不能影响到它们的生活，所以摄影师一般会购置 300 毫米以上的镜头，同时配合巧妙的伪装和隐蔽。

要善于隐伏跟踪，让鸟类觉得你是它们周围环境中的一部分；要尽量接近目标，选择跟踪对焦模式，将相机的焦点对准飞行中的鸟儿，半按快门，开始跟踪对焦，并且使用连拍模式，看准时机按快门连续拍摄。快门速度要尽量快，太慢了凝固不住飞翔的鸟类。

捕捉飞行中的一只鸟
光圈：f/13 曝光时间：1/400s 感光度：ISO100 焦距：300mm

捕捉天空中飞翔的鸟群
光圈：f/13
曝光时间：1/400s
感光度：ISO100
焦距：300

展现动物种群的场景

　　拍摄野生动物一定要注意构图，要以被摄体所处的自然环境为背景。野生动物的画面应该是"自然环境中的野生动物"，否则欣赏者会认为你是在动物园里拍的。

　　野生鸟群是摄影师喜欢的拍摄对象。因为群居的鸟类是在某个范围内有规律地活动，所以为构图提供了一定的时间条件。拍摄时，要仔细构图。拍摄对象的数量不能太少，太少了，群体美体现不出来；又不能收取太多，太多了，会使鸟的个体体型太小，丧失鲜活的形态特征。总之，应该用长焦镜头耐心调整焦距，选取最佳画面。

　　下图在拍摄过程中，作者的相机一直架在岸边的三脚架上。拍摄时间是日落前，采用侧逆光角度，使鸟的形体产生轮廓光；在画面中，利用三分法和大小远近对比的方式，刻画出鸟类种群的层次感。

非洲湖畔的野生鸟类
光圈：f/13 曝光时间：1/250s 感光度：ISO100 焦距：300mm

模拟水下摄影

在海洋馆暗光条件下拍摄游鱼有一定难度。如果不用闪光灯，照片会很暗；用了闪光灯，照片会显示出玻璃上的反光。怎样才能隔着玻璃更好地拍摄呢？

1. 选用大光圈镜头。海洋馆用大量不同色温的人工光源照明，总体光线设计较暗，选择大光圈镜头能够保证进光量，从而有效地提高快门速度，捕捉到鱼类游动的瞬间姿态。

光圈：f/2.8 曝光时间：1/125s 感光度：ISO800 焦距：38mm

2. 拍摄暗光下的动态画面，可以使用高 ISO 设置。消费级数码相机使用高 ISO 设置时，要按照最大分辨率设置，并以最高画质存储，以便在拍摄后期使用图像处理软件减轻噪点。

3. 关闭闪光灯。透过玻璃拍摄时，如果相机与玻璃有一定的距离，一旦启用闪光灯，画面上就会出现明显的光斑，影响画面效果。

4. 拍摄时，应该把镜头紧贴玻璃，这样可以避免玻璃反光影响画面效果，同时可以在一定程度上固定镜头，便于准确地测光和对焦。

5. 建议使用手动对焦，以便快速抓拍水族箱中的鱼类。游鱼在水中的活动有一定的速度，在利用现场光照明拍摄时，应该根据鱼游动的速度来确定快门速度，一般将快门控制在 1/60s 至 1/125s 范围内。

在水族馆拍摄热带鱼类
光圈：f/2.8 曝光时间：1/160s 感光度：ISO800 焦距：28mm